新型职业农民培育规划教材

设施蔬菜生产经营

◎ 王昌友　唐才禄　王占荣　主编

中国农业科学技术出版社

图书在版编目（CIP）数据

设施蔬菜生产经营／王昌友，唐才禄，王占荣主编．—北京：中国农业科学技术出版社，2015.8

ISBN 978 - 7 - 5116 - 2195 - 5

Ⅰ.①设… Ⅱ.①王…②唐…③王… Ⅲ.①蔬菜园艺 - 设施农业 - 技术培训 - 教材 Ⅳ.①S626

中国版本图书馆 CIP 数据核字（2015）第 169745 号

责任编辑	张孝安　白姗姗
责任校对	贾海霞

出 版 者	中国农业科学技术出版社
	北京市中关村南大街 12 号　邮编：100081
电　　话	(010)82106638(编辑室)　(010)82109704(发行部)
	(010)82109709(读者服务部)
传　　真	(010)82106650
网　　址	http://www.castp.cn
经 销 者	各地新华书店
印 刷 者	北京富泰印刷有限责任公司
开　　本	850mm ×1 168mm　1/32
印　　张	7.75
字　　数	194 千字
版　　次	2015 年 8 月第 1 版　2015 年 8 月第 1 次印刷
定　　价	28.80 元

前　　言

　　新型职业农民是现代农业从业者的主体，开展新型职业农民培育工作，提高新型职业农民综合素质、生产技能和经营能力，是加快现代农业发展、保障国家粮食安全、持续增加农民收入、建设社会主义新农村的重要举措。党中央、国务院高度重视农民教育培训工作，提出了"大力培育新型职业农民"的历史任务。实践证明，教育培训是提升农民生产经营水平，提高新型职业农民素质的最直接、最有效的途径，也是新型职业农民培育的关键环节和基础工作。

　　为贯彻落实中央的战略部署，提高农民教育培训质量，同时也为各地培育新型职业农民提供基础保障——高质量教材，按照"科教兴农、人才强农、新型职业农民固农"的战略要求，迫切需要大力培育一批"有文化、懂技术、会经营"的新型职业农民。为做好新型职业农民培育工作，提升教育培训质量和效果，我们组织一批国内权威专家学者共同编写一套新型职业农民培育规划教材，供各新型职业农民培育机构开展新型职业农民培训使用。

　　本套教材适用新型职业农民培育工作，按照培训内容分别出版生产经营型、专业技能型和专业服务型三类。定位服务培训对象、提高农民素质、强调针对性和实用性，在选题上立足现代农业发展，选择国家重点支持、通用性强、覆盖面广、培训需求大的产业、工种和岗位开发教材；在内容上针对不同类型职业农民特点和需求，突出从种到收、从生产决策到产品营销全过程所需掌握的农业生产技术和经营管理理念；在体例上打破传统学科知识体系，以"农业生产过程为导向"构建编写体系，围绕生产过程和生产环节进行编写，实现教学过程与生产过程对接；在形式上采用模块化编写，教材图文并茂，通俗易懂，利于激发农民学习兴趣，具有较强的可读性。

《设施蔬菜生产经营》是系列规划教材之一，适用于从事现代设施蔬菜产业的生产经营型职业农民，也可供专业技能型和专业服务型职业农民选择学习。本教材根据《生产经营型职业农民培训规范（设施蔬菜生产）》要求编写，主要介绍了从培养蔬菜生产高技能人才出发，以强化技术应用能力为主线，着眼于培养新型农民应职岗位综合能力，以提高农民实际操作能力为主线，以传播新技术、新品种、新方法为重点，全面、系统地介绍了包括茄果类、叶菜类等蔬菜设施生产的先进实用技术。这些都是广大农民在蔬菜生产中非常关注和盼望解决的现实问题，贴近农业生产、贴近农村生活、贴近农民需要。该书内容充实、知识丰富、技术新颖，具有鲜明的特色和很强的创新性，既遵循现代农业特点，又符合农民技术人员的阅读理解水平，基本做到了让农民技术人员看得懂、学得会、用得上，为广大蔬菜科技工作者及菜农阅读参考。

由于编者的学识和经验水平有限，书中难免出现错漏或不妥之处，敬请广大读者和同行指正。同时本书参考引用了一些资料，参考文献在书后列出，在此特表示感谢！

编　者

2015 年 4 月

目　录

模块一 国内外设施蔬菜生产概况

设施蔬菜生产又称为蔬菜保护地栽培，指在不适宜露地蔬菜生长发育的寒冷或炎热季节，利用保温防寒或降温防热设备，人为地创造适宜蔬菜生长发育的小气候条件而进行蔬菜栽培的生产方式，或者说是利用多种设施设备，采取相应措施调节蔬菜生育时期，达到提前或延后蔬菜供应期的生产目的生产方式，从而获得高产、稳产、优质、高效的栽培方法。它是现代农业的一个发展方向。

一、发达国家蔬菜设施生产技术进展

设施蔬菜生产是当前设施农业中一个重要组成部分，当前世界各国均以科技含量高、附加值高、效益高的设施蔬菜产业发展作为当前设施农业发展的切入点，从而有力的推进现代农业可持续发展。

（一）发达国家蔬菜设施生产现状

设施蔬菜生产最早的国家是罗马帝国，距今已有2 000多年的历史，法国、德国、英国、日本、荷兰、加拿大、以色列是利用温室栽培园艺植物最早及最先进的国家，它们完全摆脱了自然条件的限制，自动化、智能化水平很高。

目前，世界上塑料大棚最多的国家是中国、意大利、西班牙、法国、日本等国。现代化玻璃温室主要以荷兰、日本、英国、法国、德国等国家为最多。

（二）发达国家设施蔬菜生产技术发进展

1. 温室管理智能化、数字化技术得到快速发展

目前，国际上研究的热点是实现对设施内温度、湿度、光照、水分、营养、CO_2 浓度等综合环境因子的自动监测与调控。在一些工厂化农业生产发达国家，如荷兰、日本、法国等，设施环境自动化控制技术已经得到广泛应用。在详尽研究作物生理与环境互作关系的基础上，充分利用作物与环境关系的量化指标和信息化技术，基本形成设施作物从育苗到栽培及产后分级、包装等一整套规范化、标准化的生产技术体系。荷兰瓦赫宁根大学通过将作物管理模型与环境控制模型相结合，实现温室智能化管理，大幅度降低了系统能耗和运行费用。近年来，英国、丹麦农业部专门立项进行温室环境（温度、光照、湿度、通风、CO_2、施肥等）计算机优化与自动化控制等课题的研究。日本千叶大学利用遥感技术和图像检测装置检测植物群落的生长状况，用于生产管理和智能化环境控制。以色列、澳大利亚等陆续研制了采用计算机技术的先进监测仪器，利用各种类型的传感器对作物、土壤及环境参数进行测量，经过传输、A/D 转换，将数据存入计算机中，再由计算机进行分析和处理。如以色列 ELDAR – GAL 公司生产的植物生理生态监测仪，能同时监测叶片温度、根茎直径、果实大小、叶片二氧化碳交换、太阳辐射、空气温湿度、土壤湿度等十几个参数，来实时监测作物的长短期反应，并将这些参数进行分析处理，与专家系统结合，从而进行精确控制。随着网络技术的应用，温室智能化、网络化管理技术也得到了较快的发展。

2. 温室节能技术和设备的应用是发展方向

欧美等发达国家目前将节能作为温室领域最重要的研究课题。发达国家的温室产业基本上都是依赖于消耗天然气和石油发

展起来的，每生产 10 千克的黄瓜大约需要消耗 5 升燃油。近年来，随着《京都议定书》的执行，一些发达国家在研究如何减排 CO_2，纷纷投入大量的科研经费用于节能技术研究。

（1）先进覆盖材料的运用。提高覆盖材料透光技术，大幅度提高覆盖材料的透光率、增加太阳光的入射量。例如，荷兰瓦赫宁根大学开发了一种叫 zigzag 的板材，对反射光二次利用，透光率可达 89%，最高达到 93% ~ 95%。一些国家还开发出了温室屋顶清洗机械装置，用于清洗屋顶的灰尘，增加温室的透光率。另外，对温室覆盖材料的内侧进行镀膜处理，可以阻止温室内部长波向外辐射，减少热损耗，节能 25% 以上。

（2）热能的充分利用和余热回收技术大大降低了能源的消耗。如温室锅炉的烟筒普遍装有余热回收系统，余热回收效率可达 75% 以上，尽可能减少热损耗。另外是浅层地能的利用，利用土壤作为蓄热源，夏季把低温冷源抽到地上，用于温室降温，把经过热交换的热量打到地下，冬季把高温热源抽上来，在热泵作用下升温至 45 ~ 50℃，这样只需要稍许加温就可以用于温室采暖，节能幅度达 65% ~ 70%。

（3）温室屋脊结构优化技术。通过缩小屋脊和扩大温室单栋面积来合理采光和减少热损失。温室结构向高大发展，脊高 6 米的新型温室迅速增加，单栋面积也扩大至 100 米 ×200 米，有的达到 200 米 ×200 米以上，大型温室有利于温度稳定及提高光合作用效率。荷兰近年来为了提高温室总体密封性能，节约能源，对屋顶铝材结构进行了较大改进，增加了密封胶条，提高了密封性能，有效减少了玻璃由于热胀冷缩发生的破损。

（4）优化环境，提高单位面积产量技术。通过配套机械工程和微电子技术，使设施内温度、湿度、光照、水分、营养、CO_2 浓度等综合环境因素自动调控到作物生育所需的最佳状态，生产作业高度自动化和机械化，达到科学利用资源、能源，提高土地利用率、劳动生产率和优质农产品产出率，作物单产大幅度提高。如荷兰温室番茄年平均产量可达 40~50 千克/平方米，黄瓜年产量 60 千克/平方米以上，商品率高达 90% 以上，使产品单位产量的耗能率大大降低。

3. 无土栽培技术、资源高效利用技术被广泛重视

在无土栽培营养液闭路循环技术方面，欧盟规定 2000 年之前所有的温室无土栽培系统必须采用闭路循环系统（Closed System），通过对营养液的回收、过滤、消毒、补充营养等措施，结合新的营养液的补充，又重新回到温室循环使用。该系统可实现节水 21%、节肥 34%，而且还可以大幅度地减少营养液外排对周边环境的污染，提高营养液利用效率。

在雨水收集利用方面，通过一系列的管路系统将温室天沟的雨水收集起来，传送到温室附近的蓄水池中，再通过过滤净化等措施，输送到温室进行灌溉，每公顷*温室需配备约 1 500 立方米贮水罐（池），能够解决 75% 温室作物的用水。

4. 病虫害综合防治技术

国外设施蔬菜生产病虫害的防治一般采用生物防治和物理防治手段相结合进行综合防治，尽量减少化学药剂的使用，实现对蔬菜自身和环境的零污染。

5. 有机食品高产技术

随着全球经济的发展和社会的进步，人们对生活质量和食品品质产生了独特的要求，追求纯天然、无污染的健康食品已成为一种时尚。在欧洲，共有 1.25 万个农场在 55 万公顷的农田里实行有机耕作。日本从事有机农业生产的农户占全国农户总数的 30% 以上，提供的有机农产品达 130 多种，其中，有 40 多种出口到欧美国家。美国从事有机农业生产的农民从 20 世纪 90 年代初

---

* 1 公顷 = 15 亩，1 亩 ≈ 667 平方米，全书同

的 1 000 多户增加到当前的数万户, 向市场提供的有机农产品也增加到 200 多种。利用生物防治技术、生态调控技术防治设施蔬菜病虫害越来越普遍。目前, 国际上工厂化生产天敌昆虫的公司已有 80 多家, 已经商品化生产的天敌昆虫达 130 多种。如荷兰 Koppert 公司, 设施蔬菜主要害虫的天敌昆虫如粉虱天敌浆角蚜小蜂、丽蚜小蜂, 斑潜蝇天敌潜蝇姬小蜂, 蚜虫天敌食蚜瘿蚊以及对许多害虫均有良好控制作用的赤眼蜂、瓢虫、草蛉、捕食螨等, 在该公司均有商品化的产品。

6. 植物工厂技术

奥地利、丹麦、日本等国先后建立了植物工厂。植物工厂是在全封闭设施内周年进行园艺作物生产的高度自动化控制体系。代表当今世界温室设施及温室自动监控系统最高水平的是由奥地利 Ruttuner 教授设计的 Complexsystem 和日本中央电力研究所推出的蔬菜工厂等。这类植物工厂采取全封闭生产, 人工调控光照, 立体旋转式栽培, 不仅全部采用电脑监控, 而且还利用机器人、机械手进行播种、移栽等工作, 完全摆脱了自然条件的束缚, 真正实现了工厂化农业的数字设计、调控与管理。植物工厂一年中可多茬次栽培, 生菜、菠菜栽培期较露地缩短 1/4 ~ 1/2, 产量可达 150 千克/平方米, 为露地栽培的 10 ~ 20 倍。植物工厂播种、定植、采收、肥水以及温湿度管理等完全由计算机操作、自动化作业, 为工厂化农业发展展现了美好前景。日本、韩国研究开发了瓜类、茄果类蔬菜嫁接机器人。日本研制了可行走的耕耘、施肥机器人, 可完成多项作业的机器人, 能在设施内完成各项作业的无人行走车, 用于组织培养作业的机器人等。

(三) 发达国家蔬菜生产经营主体与规模

1. 国外发达国家农业经营主体

国外发达国家的农业经营主体主要是大、中、小家庭农场,美国、加拿大主要是以大型家庭农场为主；法国等欧洲国家以中型家庭农场为主；日本属于小型家庭农场为主。

2010 年美国的家庭农场平均面积 2 540 亩，190 万个家庭农场中 300 亩以下的 62 万个，50 亩以下的 23 万个；法国现有农场 57 万个，平均农场面积 730 亩；日本现有农场 251 万个，平均农场面积 27 亩。美国农场平均从业人口数 1.6 个，法国农场平均从业人口数 1.9 个，日本农场平均从业人口数 1.0 个，从国外家庭农场的场均从业人数看，每个农场平均从业人数都在 2 个以内。说明国外家庭农场的专业化、规模化、机械化程度都比较高。

2. 国外发达国家农业经营规模

从近几年的农场经营状况看，美国大农场资本投入与能源消耗太大，生产成本较高；日本的小型家庭农场又不利于机械化的优势发挥，生产效率降低带来了生产成本的提高。家庭农场根据机械化程度的高低不同，适宜规模应为 300～1 000 亩，蔬菜生产的家庭农场适度规模应为 30～100 亩。

二、我国设施蔬菜生产发展的现状与展望

（一）我国蔬菜设施生产现状

我国设施蔬菜产业主要集中在环渤海和黄淮海地区，约占全国总面积的 60%；其次是长江中下游地区，约占 20%；第三是西北地区，约占 7%。主要集中分布在山东、辽宁、河北、江苏、浙江、宁夏回族自治区、内蒙古自治区、上海等省区。

1. 设施蔬菜生产面积和产量稳步增长

连栋温室、节能日光温室、塑料大棚以及中小拱棚协调发展，同时产量和效益获得巨大提升。2010 蔬菜播种面积 2.3 亿亩左右，产量 5 亿吨，人均占有量增为 370 千克左右，其中设

施蔬菜面积超过 5 250 万亩，其中，日光温室面积超过 38 万公顷；总产量超过 1.7 亿吨，占蔬菜总产量的 25%。2013 年我国蔬菜播种面积 3.13 亿亩左右，产量 7.3 亿吨，人均占有量由 370 千克左右增加到 536 千克，设施蔬菜面积 5 793 万亩，产量达到 2.6 亿吨。

2. 设施蔬菜装备水平显著提高

生产的耕种、灌溉、植保等作业机械装备及温室智能化环境控制装备水平不断提高，生产环境明显改善，劳动强度有效降低。

3. 设施蔬菜收入效益明显

从实际情况看，设施蔬菜是高效产业，1 亩设施蔬菜一般纯收入 2 万多元，是 1 亩露地蔬菜纯收入的 10 倍、1 亩粮食作物纯收入的 30 倍。

4. 内陆及东北地区积极发展设施蔬菜产业

一是集中在大中城市周边，以满足城市在蔬菜淡季的自给率；二是集中在全国蔬菜产业规划的重点县。现阶段发展比较突出的有吉林、山西、陕西、四川、甘肃、湖北等地区。

（二）我国设施蔬菜生产技术进展

进一步加强科技创新和新技术、新材料、新产品的开发利用，形成具有中国特色的设施农业生产体系。

1. 设施结构现代化

适宜不同地区、不同生态类型的新型系列温室大棚及其相关设施的研究开发，提高了中国自主创新能力和设施环境的自动化控制技术水平。

2. 生产管理科学化

温室资源高效利用技术研究开发，如节水节肥技术、增温降温节能技术、补光技术、隔热保温技术等，降低消耗，提高资源利用率。

3. 生产环境调控智能化

设施配套技术与装备的研究开发，包括温室用新材料、小型农机具和温室传动机构、自动控制系统等关键配套产品，提高机械化作业水平和劳动生产率。

4. 生产面积规模化

设施蔬菜属于资金、技术密集型产业，资金投入大，技术要求高，单户农民身处农村，在资金的争取、技术和品种的引进及使用方面，有很大的局限性。农民单家独户的分散经营与大市场的矛盾日益突出。种植户对市场的捕捉能力、预测能力、判断能力和把握能力不够。实现蔬菜设施生产规模化也是蔬菜设施生产标准化的基础。

5. 生产质量优质化

设施蔬菜生产优质化是提高设施蔬菜产品竞争力，实现设施蔬菜生产高效性的基础。对设施蔬菜生产高产优质栽培技术和不同品种、不同生态类型模式化栽培技术研究以及安全技术研究，如绿色产品生产技术、环境控制与污染治理技术、土壤和水资源保护技术等将是蔬菜设施生产的发展方向。

（三）我国蔬菜生产主体及规模

1. 我国蔬菜生产的主体

目前，我国蔬菜生产的主体以家庭农户、蔬菜生产专业大户、家庭农场、农民专业合作社和蔬菜生产经营企业为主。家庭农户和蔬菜生产专业大户主要分布在我国大、中、小城市的郊区；家庭农场和农民合作社主要分布在有蔬菜生产优势条件的农村。

2. 我国蔬菜生产的规模

目前，我国蔬菜生产家庭农户的生产规模一般为 3～5 亩；

蔬菜生产专业大户生产规模一般为 10 ~ 20 亩；家庭农场生产规模一般为 30 ~ 50 亩；农民合作社生产规模一般为 50 ~ 100 亩；蔬菜生产经营企业建设的蔬菜生产基地或园区生产规模一般为 100 ~ 300 亩。2012 年底统计，我国的家庭农场总数有 87.7 万个，平均家庭农场经营规模在 200 亩，其中，50 亩以下的占 48.42 万个，占家庭农场总数的 55.2%；50 ~ 100 亩的 18.98 万个，占家庭农场总数的 21.6%；100 ~ 500 亩的 17.07 万个，占家庭农场总数的 19.5%；500 ~ 1 000 亩的 1.58 万个，占家庭农场总数的 1.8%；1 000 亩以上的 1.65 万个，占家庭农场总数的 1.9%。

三、设施蔬菜生产的特点

(一) 设施蔬菜生产必须有相应的设施、设备，资金投入大

实现设施蔬菜栽培的一个先决条件，必须要有足以改善自然气候条件，使之适合于不同栽培茬口蔬菜生产满足蔬菜生长发育需要的设施。如塑料大棚、日光温室等设施和温控、光控、通风等设备。

(二) 设施内有特殊的小气候条件

1. 光照弱、光质发生变化

进行设施栽培时光线必须透过玻璃、塑料薄膜或硬质塑料等采光材料，阳光经过单层、双层或多层覆盖物，又由于采光材料的老化、尘土污染、水滴折射以及建筑方位与太阳角度的变化，其入射率和入射量比露地低，尤其是紫外线和红外线的入射量受玻璃的影响透入很少，或基本不透入。

2. 温度上升快、温度高，昼夜温差大

在设施密闭晴天中午前后的条件下设施内温度可高达 40 ~

50℃，而在天亮以前温度降至最低点，昼夜温差一般能达到 20～30℃。设施内温度忽高忽低，空气的相对湿度随温度的变化而变化。中午前后气温高，空气相对湿度低；夜晚温度低，空气相对湿度高。在密闭的薄膜覆盖设施内，晴天中午空气干燥的程度与沙漠相仿。夜晚，即使是晴天，其相对湿度常达90%以上，而且持续 9 小时以上，空气绝对湿度比外界空气高出 5 倍以上。

3. 二氧化碳分布不均且不足

在密闭设施内，气流横向运动几乎等于零，纵向运动也不如露地活跃。气流静止或缓慢运动，还影响二氧化碳的分布，叶片密集区域严重缺乏二氧化碳，影响光合作用的进行。二氧化碳日变化的幅度也很大，从日出开始到开始通风之前即 10 时左右含量最低，从日落开始到天明，蔬菜营光合作用之前二氧化碳含量最高。

4. 土壤表面易发生盐渍化

设施内不受雨水冲刷，气温、土温均比露地高，土壤的蒸发量大，盐分随土壤水分上升，造成土表盐分积聚，土壤溶液的浓度显著高于露地，栽培时间越长，土壤盐分积累越多。

（三）设施蔬菜生产对栽培品种有特殊要求

适应设施栽培的品种要根据栽培茬口进行选择，冬春早熟栽培应选择耐低温弱光的品种。番茄要选择抗寒性强、耐弱光、早熟丰产、植株开展度小、分枝性弱、叶片小、光合效能高、节间短、不易徒长、抗病性强的品种；大椒选择苗期抗寒、结果期耐高温、抗病、早熟、丰产、株型紧凑、不易徒长、不易落花、落叶、落果的品种。秋冬季棚室延后栽培的蔬菜品种，只要抗病性强，尤其是苗期耐高温抗病毒病的品种，具备优质丰产特性，适宜棚栽的品种均可种植。

（四）设施蔬菜生产易于获得高产

设施蔬菜生产通过设施保护和调控相应设备，能根据蔬菜不同生长发育期对环境条件的需要进行调节环境因子，蔬菜生长发育适宜，易于获得高产。

四、设施蔬菜生产的意义

（一）丰富人民群众的菜篮子，提高人民生活水平

蔬菜设施生产实现了对蔬菜产品的四季均衡供应，在保障城乡居民不同季节对蔬菜基本消费需求和改善膳食结构提高生活质量方面发挥了重要作用。

（二）提高蔬菜生产经济效益，增加农民收入

2013年我国设施蔬菜平均产量达到每亩4 488千克，比露地蔬菜平均产量每亩2 332千克，高出了2 156千克。设施蔬菜产量高、商品率高、比较效益高，是农民收入的重要来源之一。2013年全国设施蔬菜播种面积5 793万亩，产量达到2.6亿吨，直接产品产值7 800亿元，占种植业总产值的15%。

（三）提高广大菜农的科学种菜素质

设施蔬菜产业是一个技术密集型的产业，生产全过程体现了科学化、商品化、社会化和集约化，促使从业的菜农不得不认真学习设施蔬菜生产的先进技术，接受新的生产理念，利于从业菜农提高科学种田素质，可以在生产实践中培养和造就一批具有一定科学知识、掌握一定新的生产技能、具有较新生产理念的新型农民。

（四）解决农村剩余劳动力的就业问题，利于构建和谐新农村建设

随着农业现代化的发展，农业生产机械化的普及，很多农民从传统农业的重体力劳动中解放出来，农村存在大量的剩余劳动力和劳动状态不饱和的现象，这种现象的存在既不利于农村安定团结，也不利于文明和谐新农村的建设。近年来，设施蔬菜的面积逐年增加，设施蔬菜栽培的产业化发展打破了传统农业的生产和经营模式，开展了全年均衡生产、供应"四季菜"产业，大大提高了劳动密集程度，缓解了劳动力剩余和不饱和问题的压力，提高了耕地等资源的利用率、劳动生产率和产品附加值，促成了农业经济增长和农业快速发展的良性循环。

模块二　设施蔬菜生产的设备

设施蔬菜生产的设施设备是指为适应不同茬口蔬菜生产全过程的需要，人为建造的适宜和保护不同种类蔬菜正常生长发育的各种建筑和设备，主要包括温室、塑料大棚、防虫网、遮阳网、小拱棚、温床等设施和卷帘机、滴灌系统等自动化设备和各种机具等。人们利用这些蔬菜栽培设施设备，在不同季节，选择不同茬口，进行蔬菜的四季生产，最大限度地满足了全国人民对蔬菜实行四季供应的需求。

一、设施类型

（一）温床

1. 酿热温床

（1）结构及发热原理。酿热温床由床框、床坑、玻璃窗或塑料薄膜棚、保温覆盖物、酿热物等部分组成。目前应用较多的是半地下式温床（图2-1）。床宽1.5~2.0米，长依需要而定，床顶加盖玻璃或薄膜呈斜面以利透光。坐北朝南，床坑深度为30~40厘米，并在床坑内部南侧及四周再加深20厘米左右，使坑底形成中间高、四周低的馒头形，使酿热物在铺好搂平后，其中部的酿热层低于南侧及四周，使受南侧床框遮阴及四周受外界冻层影响而造成床内土温不匀的问题得到调节。

酿热温床是利用好气性细菌分解有机物质时所产生的热量来进行加温的，这种被分解的有机物质称为酿热物。酿热物发热的快慢、温度高低和持续时间的长短，主要取决于好气性细菌的繁殖活动情况，而好气性细菌繁殖活动的快慢又和酿热物中的碳、

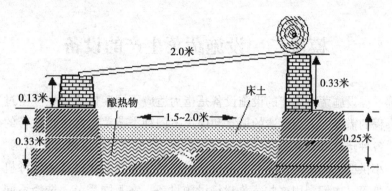

图2-1　酿热温床结构示意图
(摘自《设施蔬菜栽培大全》)

氮、氧气及水分含量有关。一般当酿热物中的碳氮比为（20～30）：1，含水量70%左右，并且通气适度和温度在10℃以上时，微生物繁殖活动较旺盛，发热迅速而持久。生产上一般以3份新鲜马粪和1份稻草混合（均按重量计）作酿热物较为理想，制作时可将稻草和马粪分层踏入床坑。

（2）性能及应用。酿热温床在阳畦的基础上进行酿热加温，明显改善了温度条件。踩踏好的酿热温床，可使床温升高到25～30℃，维持2～3个月之久。由于酿热加温受酿热物种类及方法的限制，热效应较低，而且加温期间无法调控。床内温度明显受外界温度的影响，床土厚薄及含水量也影响床温。由于酿热物发热时间有限，前期温度高而后期温度逐渐降低，因此秋冬季不适用，主要用于早春喜温性果菜类蔬菜育苗。

2. 电热温床

（1）结构。电热温床是指育苗时将电热线布设在苗床床土下8～10厘米处，对床土进行加温的育苗设施。电热温床由育苗畦、隔热层、散热层、床土、保温覆盖物、电热加温设备等几部分组成（图2-2）。

电热加温设备主要包括电热线、控温仪、交流接触器和电源

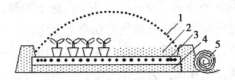

1. 薄膜　2. 床土　3. 电热线　4. 隔热层　5. 草苫

图 2 - 2　电热温床结构示意图

(摘自《设施蔬菜栽培大全》)

等。电热线由电热丝、引出线和接头 3 部分组成。电热丝为发热元件，采用低电阻系数的合金材料，为防止折断用多股电热丝合成。引出线为普通的铜芯电线，基本不发热。为避免人工控制温度出现误差，可使用控温仪自动调节土壤温度。将电热线和控温仪连接好后，将感温触头插入苗床中，当苗床内温度低于设定值时，继电器接通，进行加温；当苗床内温度高于或等于设定值时，继电器断开，停止加温。交流接触器的主要作用是扩大控温仪的控温容量。当电热线的总功率 <2 000 瓦（电流 10 安以下）时，可不用交流接触器，而将电热线直接连接到控温仪上。当电热线总功率 >2 000 瓦（电流 10 安以上）时，应将电热线连接到交流接触器上，由交流接触器与控温仪相连接。电热温床主要使用 220 伏交流电源。当功率电压较大时，也可用 380 伏电源，并选择与负载电压相同的交流接触器连接电热线。

（2）性能和应用。使用电热温床能够提高地温，并可使近地面气温提高 3~4℃。由于地温适宜，幼苗根系发达，生长速度快，可缩短日历苗龄 7~10 天。与其他温床相比，电热温床结构简单，使用方便，省工、省力，一根电热线可使用多年。如与控温仪配合使用，还可实现温度的自动控制，避免地温过高造成的危害。缺点是较为费电。

电热温床主要用于冬春蔬菜作物育苗，以果菜类蔬菜育苗应用较多。也有少量用于塑料大棚黄瓜、番茄的早熟生产。

（3）使用注意事项。电热线只用于苗床上加温，不允许在空气中整盘做通电试验用；电热线的功率是额定的，严禁截短或加长使用；两根以上电热线连接需并联，不可串联；每根电热线的工作电压必须是 220 伏；为确保安全，电热线及其和引出线的接头最好埋入土中，在电热温床上作业时需切断电源，不能带电作业；从土中取出电热线时，严禁用力拉扯或铲刨，以防损坏绝缘层；不用的电热线要擦拭干净放到阴凉处，防止鼠虫咬坏；旧电热线使用前需做绝缘检查。

（二）小拱棚

1. 结构

小拱棚宽度 1~2 米，高 0.6~0.8 米，长 6~8 米。拱架可用细竹竿、竹片等做拱杆，弯成拱形，两端插入土中。两拱架间距为 0.6~0.8 米，上面覆盖一整块薄膜，四周卷起埋入土中。1 米宽的小拱棚不设立柱。2 米宽的小拱棚用细竹竿作拱杆，由于强度低，顶部用一道细木杆作横梁由立柱支撑。小拱棚骨架也可以利用钢筋弯成拱形，两端插入土中，钢筋间距 1 米。1 米宽的小拱棚用 φ12 钢筋，2 米宽小拱棚用 φ14 钢筋。

2. 性能

小拱棚低矮，空间小，晴天中午温度很高，若放风不及时容易烤伤作物。由于棚内面积小，两侧温度低，中间温度高，往往造成靠两侧作物矮小、中间又容易徒长的结果。为使棚内温度分布均匀，作物生长整齐，最好采取放顶风的方法。即棚膜用两幅薄膜烙合，每米留出 30 厘米不烙合，覆盖时烙合缝放在中部。放顶风时，用一根高粱秸把未烙合处支成一个菱形口，闭风时撤掉高粱秸。当外界温度升高后再放底风。放底风先由背风一侧开放风口，经过几天放风后再从迎风一侧开放风口，放几次对流风以后，选晴好天气大放风。撤膜前先进行几次大放风，使小棚内

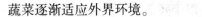

蔬菜逐渐适应外界环境。

3. 应用

小拱棚内作业不方便，管理需揭开薄膜进行。可用于喜温蔬菜春季短期覆盖栽培，如夜间覆盖草苫、纸被等保温材料，可用于早春蔬菜育苗。

（三）遮阳网室

遮阳网与栽培蔬菜的设施进行结合应用，就构成了遮阳网室。塑料遮阳网简称遮阳网，又称凉爽纱。它是以聚乙烯树脂为原料，通过拉丝、缠绕，然后编织而成，是一种高强度、耐老化、轻质量的网状新型农用覆盖材料。

1. 结构

遮阳网根据纬经的一个密区（25 厘米）中所用编丝的数量，如 8、10、12、14 和 16 根等，将产品分别命名为 SZW－8、SZW－10、SZW－12、SZW－14、SZW－16 等，遮阳网的折光率和拉伸强度和编丝根数成正比，根数越多遮光效果越好，拉伸强度也越强。生产上常用遮阳网为透光率在 35%～65%，根据生产要求进行选用。遮阳网的宽度一般分为 0.9 米、1.5 米、1.8 米、2.0 米、2.2 米、2.5 米和 4 米等几种，颜色有黑、银灰、白、果绿、蓝、黄、黑与银相交等色。生产上常用 SZW－12、SZW－14 两种类型，宽度为 1.8～2.5 米，颜色以黑和银灰为主，重量为每平方米 45～49 克，使用寿命 3～5 年。

遮阳网的覆盖方式主要有：浮面覆盖、设施内覆盖和设施外覆盖。浮面覆盖一般在蔬菜播种后及时在地面覆盖遮阳网，利用遮阳网的半封闭性和较强的遮光性，有效降低土壤温度，减少水分蒸发，提高土壤湿度，促进种子发芽。设施外覆盖主要是在夏季栽培蔬菜时，用于降低设施内的温度，在设施外覆盖遮阳网，减少进入设施内的太阳辐射能，从而有效降低温度。设施内覆盖是现代化温室的主要配套设备，用于降低太阳辐射度和降温，多采用机械化作业。

2. 性能

遮光降温，遮阳网的遮光效应一般在 35% ~ 65%，炎夏地表覆盖可降温 4 ~ 6℃，近地面 30 厘米处气温下降 1℃；地下 5 厘米处地温下降 3 ~ 5℃，浮面覆盖地地表温度下降 6 ~ 10℃。

防雨抗雹，遮阳网具有一定的机械强度，可避免暴雨、冰雹对蔬菜的机械损伤，防止板结及暴雨后骤晴引起的倒苗、死苗。

保墒抗旱，浮面和半封闭式覆盖，土壤水分蒸发量将减少 60% 以上；半封闭式覆盖，秋播小白菜生长期间浇水量可减少 16.2% ~ 22.2%。

保温抗寒，覆盖遮阳网既可用于夏季抗热防暴雨栽培，也可用于秋季防早霜、冬季防冻害、早春防晚霜。冬春覆盖气温可提高 1 ~ 2.8℃，对耐寒叶菜的越冬比较有利，早春蔬菜育苗可以提前 10 天左右。

避虫防病，银灰色遮阳网避蚜效果可以达到 80% 以上，可以降低蚜虫引起的病毒病的危害，还可以降低日灼病的发生。封闭式覆盖还可防止小菜蛾、斜纹夜蛾、菜螟等多种虫害进入设施产卵，减少危害。

3. 应用

正确选择遮阳网，要根据栽培季节和蔬菜需光特性选择适宜的遮阳网类型，防止出现影响蔬菜生长的情况；根据每天的天气条件灵活管理，掌握"早晚揭、中间盖；阴天揭、晴天盖；小雨揭、大雨盖"的原则，根据天气条件和蔬菜生长特性的需要勤揭勤盖，调节好小气候，以利于蔬菜生长。

（四）防雨棚

在多雨季节栽培蔬菜时，为了防止暴雨的机械损伤，将塑料拱棚的四周薄膜去掉，仅留顶部塑料薄膜，就构成了一个防雨棚。防雨棚是夏季果菜类生产防止冰雹和暴雨袭击的最经济有效的手段。

1. 结构

根据拱架大小可以分为小拱棚式防雨棚和大棚式防雨棚。

小拱棚式防雨棚是利用小拱棚的骨架，在顶部覆盖塑料薄膜，四周通气。大棚式防雨棚在夏季直接把大棚四周的薄膜去掉，仅留顶部薄膜防雨，气温过高时还可以盖遮阳网。建造防雨棚室时，还应注意四周设排水沟，提高排水的能力。

2. 性能

防暴雨冲击可维持较好的土壤结构，防雨棚可以防止暴雨直接冲击土壤，避免水肥流失和土壤板结，促进根系和植物的正常生长，防止倒伏。还可以防止由水传播的病虫害的发生，在蔬菜传粉期改善条件，提高坐果率和果实的质量。

3. 应用

防雨棚可以用旧膜也可以用新膜，只要不漏水即可，在使用过程中要注意加强固定，防止大风吹扯，撕烂薄膜，对破损部分及时修复，防止防雨效果下降。

（五）防虫网室

防虫网是采用添加防老化、抗紫外线等化学助剂的聚乙烯为原料，经拉丝编织而成的，通常为白色，形似窗纱。防虫网具有抗拉强度大、抗紫外线、抗热、耐水、耐腐蚀、耐老化、无毒等性能。目前在无公害蔬菜生产上被广泛应用。

1. 结构

防虫网的幅宽有 1 米、1.2 米、1.5 米三种规格，网格大小有 20、24、32、40 目等，使用寿命一般在 3 年以上。

防虫网的覆盖方式分为完全覆盖和局部覆盖两种。完全覆盖一般应用在露地蔬菜生产上，就是将防虫网完全封闭地覆盖在栽培作物表面，或拱棚的拱架上，一亩地大约900平方米。局部覆盖是指只在大棚和温室的通风口、通风窗和门等部位覆盖防虫网，在不影响设施性能的情况下达到防虫效果。

2. 性能

调节气温和地温，在24目白色防虫网覆盖下，大棚晴天中午网内温度高于露地1℃，10厘米土层处地温，在早晨和傍晚高于露地，中午低于露地。如果在3月下旬应用，还可以有效的防止霜冻。

遮光调湿，24目白色防虫网的遮光率为15%～25%，银灰色防虫网遮光率为37%，灰色防虫网遮光率为45%。覆盖防虫网后早晨空气湿度高于露地，中午和傍晚低于露地，网内相对湿度比露地高5%，灌溉后高近10%。

防暴雨抗风，覆盖防虫网后，由于防虫网网眼小、强度高，暴雨经防虫网阻隔后雨点变小、力度减弱，不会对蔬菜生长造成不利影响。经过24目白色防虫网的风速会降低15%～20%。

防虫防病毒病，覆盖防虫网后基本可以免除菜青虫、小菜蛾、甘蓝夜蛾、甜菜夜蛾、斜纹夜蛾、黄曲条跳甲、二十八星瓢虫、蚜虫、美洲斑潜蝇等害虫的危害，并控制了由这些害虫传播的病害发生。

3. 应用

防虫网在应用时应根据主要防治对象进行选择，一般害虫选择20～24目规格的防虫网即可。

防虫网在小白菜、夏大白菜、夏秋甘蓝、菠菜、生菜、花菜、萝卜等叶菜类生产上使用，能有效的防除害虫的危害，提高叶菜的质量。茄果类蔬菜在夏秋季使用防虫网可有效阻断害虫传播病毒病的途径，减少病毒病的发生。

（六）塑料大棚

1. 塑料大棚的结构

塑料大棚的方位一般为东西延长，一栋大棚的纵长 30 ~ 50 米，跨度 6 ~ 12 米，脊高 1.8 ~ 3.2 米，占地面积 180 ~ 600 平方米。

大棚主要由骨架和透明覆盖材料组成。骨架又由立柱、拱杆（架）、拉杆（纵梁）、压杆（压膜线）等部件组成。大棚骨架结构各部位名称如图 2 – 3 所示。

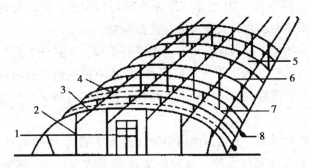

1. 棚门 2. 立柱 3. 拉杆 4. 吊柱 5. 棚膜 6. 拱杆 7. 压杆 8. 地锚

图 2 – 3 塑料大棚的结构示意图

（摘自《设施园艺栽培新技术》）

（1）立柱。主要用来固定和支撑棚架、棚膜，并可承受风雨雪的压力。因此，立柱埋设时要竖直，埋深约为 50 厘米。由于棚顶重量较轻，立柱不必太粗，但要用砖、石等做基础，也可用横向连接，以防大棚下沉或拔起。但是，以钢筋或薄壁钢管为骨架材料的大棚一般采用桁架式拱架，或桁架式拱架与单拱架相间组成，无需立柱，构成无柱式大棚。

（2）拱杆（拱架）。拱杆是支撑棚膜的骨架，横向固定在立柱上，东西两端埋入地下 50 厘米左右，呈自然拱形。相邻两拱杆的间距为 0.5 ~ 1.0 米。其结构有"落地拱"和"柱立拱"两种。"落地拱"是拱架直接坐落在地基或基础墩上,拱架承受的重量落在地基上,受力情况优于柱支拱。常见的拱架结构有下面4 种形式。

单杆拱。即拱杆用单根竹竿、钢材、钢管等作成,中间落在立柱或纵梁的小柱上,两端插入地中。

平面拱架。平面拱架分为上弦、下弦及中间的拉花(腹杆)。上、下弦用直径为 10 ~ 14 毫米的钢筋,或用 1. 27 厘米、1. 91 厘米的管材,拉花用直径 6 ~ 10 毫米的钢筋与上下弦焊接成形,上、下弦相距 20 ~ 30 厘米。平面拱架用材较少,但在负荷较重或焊接不牢时,容易失稳变形,甚至断裂。

三角拱架。分为正三角形(上弦杆 1 根,下弦杆 2 根)及倒三角形(上弦 2 根,下弦 1 根两种)。其中正三角形的相对比较稳定,并对薄膜的损坏较轻。三角拱架虽然用材较多,但坚固不易变形。

屋脊型拱架。上弦为拱圆形架(或人字形),下弦为水平架,腹间以立人和寡柱支撑。这种棚架跨度不宜太宽,一般跨度为4 ~ 8 米。

(3)拉杆(纵梁)。拉杆用于纵向连接立柱和固定拱杆,使大棚整体加固稳定。如果拉杆失稳,则会发生骨架变形、倒塌。拉杆的常见结构形式有单杆梁、桁架梁、悬索梁。

(4)压杆或压膜线。棚架覆盖薄膜后,于 2 根拱杆之间加上1 根压杆或压膜线,以使棚膜压平、绷紧。压杆须稍低于拱杆,使大棚的覆盖薄膜呈瓦楞状,以利排水和抗风。压杆可使用通直光滑的细竹竿,也可用 8 号铁丝、包塑铁丝、聚丙烯线、聚丙烯包扎绳等。

(5)棚膜。棚膜覆盖在棚架上,一般是塑料薄膜,常见的塑料薄膜及其特点如下。

目前，在生产中一般采用聚氯乙烯（PVC）、聚乙烯（PE）和乙烯–醋酸乙烯共聚物（EVA）膜，氟质塑料（F-clean）质量虽好但价格昂贵。普通PVC膜的特点是保温性强，易黏接，但比重大，成本高，低温下变硬，易脆化，高温下易软化吸尘，废膜不能燃烧处理。PE膜质轻柔软无毒，但耐热性与保温性较差，不易黏接。生产中为改善普通PVC、PE膜的性能，在普通膜中常加人防老化、防滴、防尘和阻隔红外线辐射等助剂，使之具有保温、无滴、长寿等性能，有效使用期可从4～6个月延长至12～18个月。EVA膜作为新型覆盖材料也逐步应用于生产，其保温性介于PE和PVC之间；防滴性持效期达4～8个月，透光性接近PE，且透光衰减慢于PE。在覆膜前，根据需要将塑料薄膜用电熨斗焊接成几大块。覆膜时一定要选择无风的晴天，覆膜后应马上布好压膜线，并将薄膜的近地边埋入土中约30厘米加以固定。

（6）门窗。门设在大棚的两端，作为出入口及通风口。门的下半部应挂半截塑料门帘，以防早春开门时冷风吹入。

通风窗设在大棚两端，门的上方，通常有排气扇。在中国北方地区很少用通风窗而多设通风口进行"扒缝放风"，这种方法比较简单且效果较好。通风口的位置决定于覆膜的方式，若用2块棚膜覆盖则将大棚顶部相接处作为通风口；用3块棚膜覆盖时，两肩相接处为通风口；用4块棚膜覆盖时，通风口为顶部及两肩共三道，通风口处各幅薄膜应重叠40～50厘米。

（7）天沟。连栋大棚在两栋连接处的谷部要设置天沟，即用薄钢板或硬质塑料做成落水槽，以排除雪水及雨水。天沟不宜过大，以减少棚内的遮阴面。

2. 塑料大棚的类型

依照建棚所用的材料不同，塑料大棚可分为下列几种结构类型。

竹木结构（图2-4）：是初期的一种大棚类型，但目前在农村仍普遍采用。大棚的立柱和拉杆使用的是硬杂木、毛竹竿等，拱杆及压杆等用竹竿。竹木结构的大棚造价较低，但使用年限较短，又因棚内立柱较多，操作不便，且遮阴，严重影响光照。

图2-4　竹木结构大棚

混合结构：这种大棚选用竹木、钢材、水泥构件等多种材料混合构建骨架。拱杆用钢材或竹竿等，立柱用钢材或水泥柱，拉杆用竹木、钢材等（图2-5）。既坚固耐久，又能节省钢材，降低造价。

钢架结构：大棚的骨架采用轻型钢材焊接成单杆拱、桁架或三角形拱架或拱梁，并减少或消除立柱（图2-6）。这种大棚抗风雪力强，坚固耐久，操作方便，是目前主要的棚型结构。但钢结构大棚的费用较高，且因钢材容易锈蚀，需采用热镀锌钢材或定期采用防锈措施来维护。

图 2-5　混合结构大棚

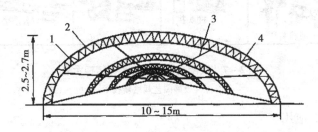

1. 下弦　2. 上弦　3. 纵拉杆　4. 拉花

图 2-6　钢架大棚结构示意图

（摘自《设施园艺栽培新技术》）

装配式钢管结构：主要构件采用内外热浸镀锌薄壁钢管，然后用承插、螺钉、卡销或弹簧卡具连接组装而成。所有部件由工厂按照标准规格，进行专业生产，配套供应给使用单位。目前生产的有 6 米、8 米、10 米及 12 米跨度的大棚，高度 2.5~3.0 米，长 20～60 米。如 8 米跨度，3 米高的大棚，拱杆用 5 毫米 × 1.2 毫米的内外热浸镀锌薄壁钢管；拉杆用 4 毫米 × 1.2 毫米薄壁镀锌管，用热镀锌卡槽和钢丝弹簧压固薄膜，用卷帘器卷膜通风。这种棚型结构的特点是具有标准规格，结构合理，耐锈蚀，安装拆卸方便，坚固耐用（图 2－7）。

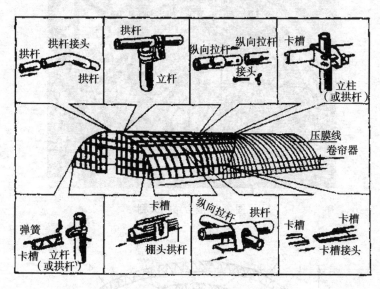

图 2－7 装配式钢管结构大棚结构示意
（摘自《设施园艺栽培新技术》）

3. 应用

塑料大棚骨架坚固耐用，使用寿命长、棚体大、保温性能好，在蔬菜生产上应用比较普遍，主要应用于早春黄瓜、番茄、青椒及茄子等蔬菜的春提前栽培，温室育苗、大棚定植，一般果菜可比露地提早上市 20～40 天。还可用于喜温蔬菜、半耐寒蔬菜的秋延后栽培，采收期可延长至 10 月底。

（七）日光温室

1. 温室的结构

温室方位一般东西延长，长度为 40～60 米。东西北三面为不透光的墙，仅有南面为透明物覆盖。透明覆盖材料为玻璃和塑料薄膜。骨架材料有竹木材料、钢材混凝土材料、钢木混合材料或钢材。墙体可分为土墙、砖墙、石墙等。必须加温的为加温温室，不加温或少加温的为日光温室。

20 世纪 80 年代中期在中国发展起来的节能型日光温室使中国北纬 32°～41°乃至 43°以上的严寒地区，在不用人工加温或仅有少量加温的条件下，实现了严冬季节喜温园艺植物的生产，成为具有中国特色的园艺设施。日光温室的结构和性能特点如下：日光温室的方位一般为东西延长，坐北朝南，或南偏东、南偏西，但不宜超过 10°。长度为 40～60 米，跨度 5.5～8 米，脊高 2.2～3.5 米。

日光温室主要由墙、后屋面、前屋面、中柱、基础、防寒沟、通风口、门和不透明覆盖物等组成。现具体介绍如下。

墙：日光温室的墙由东西山墙及后墙三面组成，可用砖砌成或土筑成。它是日光温室的围护结构，也是防寒保温的重要屏障，阻隔室内热量的散失。因此墙体必须有一定的厚度，北纬 35°左右地区，土墙厚度以 0.8～1 米为宜，砖墙 0.4～0.5 米，最好是空心墙，内填充珍珠岩和干土等，北纬 40°左右地区土墙厚度（包括墙外侧防寒土）以 1.0～1.5 米为宜，保温不够时，可在墙外侧堆以农作物秸秆加强防寒。同时，当白天阳光照射在墙体上，它可将热贮存起来，夜间作为热源向室内空气输送。因此，可以采用异质复合墙体，即墙体内侧选择蓄热性好的材料如红砖、石头等；中间选用隔热性好的材料如炉渣、珍珠岩、干土、聚苯泡沫板等，外侧也可以用红砖等放热能力较小的材料起到保温和保护作用。另外，如果墙体内侧涂白，还可起到反射作用，改善室内光照状况。

后屋面：也叫后坡，后屋顶。它的主要作用是阻止室内热量散失，防寒保温。因此，后屋面的材料和厚度必须适当。若采用保温性能好的秸秆、草泥、稻壳、玉米皮及稻草组成的异质复合后屋面，其总厚度可在 40～70 厘米。但同时它也影响室内的进光量，因此必须注意后屋面的水平投影长度和仰角。北纬 40°以北地区 6 米跨度温室，其后屋面水平投影长度不宜少于 1.5 米。北纬 40°以南 7 米跨度温室，其后屋面水平投影长度不宜少于 1.2 米。后屋面的仰角即后屋面与后墙水平交接处形成的角度。仰角大，光线进入的多。但如果仰角过大，势必减少后屋面水平投影长度，不利保温；如果仰角过小，则阻碍光线进入室内，减小后屋面蓄热的作用。因此，后屋面的仰角最好大于当地冬至太阳高度角 7°～8°。另外，后屋面还必须有足够的强度。因为它必须承受管理人员和防寒覆盖物的重量。

前屋面：也叫前坡或透明屋面，由骨架和透明覆盖材料组成。骨架材料可用钢材或竹竿、竹片。若用钢材，材料强度大，可以节省立柱，便于操作管理和充分利用空间，但初期投资较高。透明覆盖材料目前多用塑料薄膜。前屋面是温室白天采光的主要部分，因此必须设计好前屋面的形状和角度。日光温室的前屋面形状归纳起来主要有半拱圆形、椭圆拱形、两折式、三折式等。据比较测定，其中半拱圆形采光较好，值得推广。至于前屋面的角度，以半拱圆形屋面为例，一般前屋面底脚处的切线与地面的夹角应保持在 55°～60°或 60°～70°，拱架中段南端起点处的切线角 25°～30°或 30°～40°，拱架上段南端起点处的切线角应保持在 10°～15°。日光温室前屋面是热量散失的主要部位，因此是防寒保温的重点。另外，前屋面必须有足够的强度，以承受相当的风雪和防寒覆盖物及室内作物吊重的重量。

立柱：竹木结构的目光温室中需有多排立柱。前屋面下需1~2排立柱称为前柱，立于屋脊的立柱称为中柱。中柱是日光温室的"脊梁"，既要承受前屋面的重量，又要承受后屋面的重量以及外在的所有荷载，因此选材要有足够的强度保证，规格尺寸设计要合理，以防止温室倒塌。

基础：基础包括立柱底座和墙基。立柱的基础是在立柱入地一端用水泥浇注或砖砌而成。为了使立柱稳定牢固，要求立柱底部落在基础的中央并连接牢固。日光温室的东西山墙和北墙都必须有墙基。若为砖石结构墙体，墙基一般深为50~60厘米，宽度不小于墙宽，可用毛石、砂子和水泥混合浇注。

防寒沟：防寒沟一般选择在透明屋面底脚外侧，沿温室延长方向挖成。温室北墙外侧也可挖筑。沟深一般40~60厘米，宽30~40厘米。沟内填充干草、秸秆、马粪或树叶等一些热阻大的物质，上面覆土盖严，以阻止室内土壤往外横向传热。

通风口：通过通风口的自然换气，温室可以降温、降湿、排除有害气体和补充二氧化碳。通风口开设在前屋面，一种是扒缝放风，风口一般分为上下两排，上排设在距屋脊约50厘米处，下排设在距地面1~1.2米高处，风口处两块薄膜重叠20~30厘米，以防止关风不严。春季通风量不够时，还可将前屋面下端撩起放"底风"。高寒地区曾采用"风筒"方式放风，以解决对保温的影响，即在靠近屋脊处每隔3米左右，设一直径30~40厘米，高约50厘米的塑料薄膜通风筒。但此法在外界气温回升时，往往通风量不够。现在多在后墙设通风窗，一般每隔3米设一个，窗台离地面高度为1米左右。通风窗大小为36厘米×36厘米或42厘米×42厘米。

门：门一般开在背风面的山墙上。面积较大的日光温室（333平方米以上）应在开门一端加设缓冲室（图2-8），避免冷风直接进入室内，同时既可做工作间存放工具，又可做管理人员的休息室。

图2-8 日光温室门和缓冲室

不透明覆盖物：它是夜间覆盖在透明屋面上的防寒保温设备。目前生产上使用的多为蒲草苫，也有的地方用棉被或毛毡等，有的还在覆盖物下方加盖牛皮纸或防水无纺布。近年来研制出防寒能力强、质地轻、防水的"复合保温被"，还开发出能适用于不同覆盖材料的机械卷帘设备，结合控制系统，可使日光温室的保温作业实现机械化和自动化。

2. 日光温室的类型

根据前屋面的形状可将日光温室分为两大类型：一类是半拱圆形，广泛应用于东北、华北、西北地区；另一种类型是一坡一立式，多见于辽宁南部、山东、河南、江苏北部一带。

另外，根据农业部全国农业技术推广服务中心组织的专家考察，总结提出了几种具有代表性的结构类型。

长后坡矮后墙半拱圆形塑料薄膜日光温室（图2-9）：优点是造价低廉，容易建造，冬季室内光照好，保温能力强。当室外温度降至-25℃时，室内可保持5℃。但是，3月以后后部弱光区不能利用。辽宁、河北此类温室较多。

短后坡高后墙半拱圆形塑料薄膜日光温室：以冀优改进型日

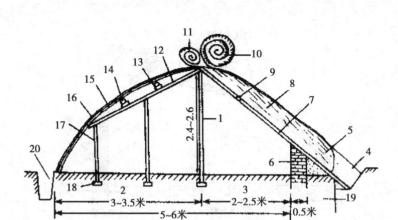

1. 脊柱　2. 脊柱前部　3. 脊柱后部　4. 后防寒沟　5. 防寒土　6. 后墙
7. 桤　8. 后坡覆盖物　9. 檩　10. 草苫　11. 纸被　12. 拱杆架梁　13. 横
向连接梁　14. 吊柱　15. 拱杆16. 薄膜　17. 前支柱　18. 基石　19. 后墙外
填土　20. 前防寒沟

图 2 - 9　长后坡矮后墙半拱圆形塑料薄膜日光温室

（单位：米）（摘自《设施园艺栽培新技术》）

光温室（图 2 - 10）和冀优Ⅱ型日光温室（图 2 - 11）最为典型。优点是后墙比较高，后坡短，与长后坡温室比较，透光率提高约20%。夜间温度下降快，虽然保温能力不如长后坡温室，不过由于采光量增加，白天蓄热量较多，增温幅度较大。在光照充足的地区，中午前后室温比长后坡温室高，而次晨覆盖物揭开前，室内最低温与长后坡温室一样。此外，由于温室空间增大，不但作业方便，土地利用率也大为提高。由于其结构合理无立柱，操作管理方便，使用面积加大，目前已在很多地方推广应用，并且这类温室还在不断改进。与本温室相类似的有冀Ⅱ型日光温室，主要在河北和山西的部分地区推广。

　　鞍Ⅱ型日光温室：该温室采光、增温和保温效果均优于同等高度和跨度的一坡一立式日光温室。如图 2 - 12。

　　带女儿墙半拱圆形日光温室：此温室特点是适当压低了后

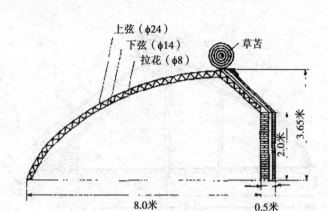

图 2－10　冀优改进型日光温室示意图

（单位：米）（摘自《设施园艺栽培新技术》）

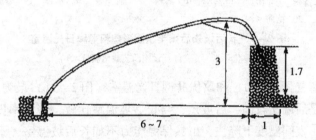

图 2－11　冀优Ⅱ型日光温室结构图

（单位：米）（摘自《设施园艺栽培新技术》）

墙，增加了后屋面的角度，使后墙和后坡的受光时间增多，蓄热量增加。同时在后墙上端北侧一边增加了女儿墙，使之与后屋面之间形成了三角形空间，便于填充麦秸加厚后屋面，以增加保温能力。

　　一坡一立式日光温室：该温室又名"琴弦式"日光温室。特点是温室空间大、后坡短、土地利用率较高。缺点是采光性能不如半拱圆形温室，前坡下端立窗处过于低矮，不便操作管理和植物生长，固定前屋面薄膜操作烦琐，容易损坏薄膜。如图 2－13。

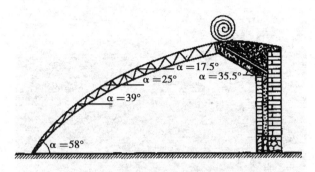

图 2 – 12 鞍 Ⅱ 型日光温室结构示意图

（摘自《设施园艺栽培新技术》）

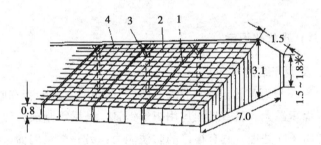

1. 钢管桁架 2. 铁丝 3. 中柱 4. 竹竿骨架

图 2 – 13 "琴弦式"日光温室结构示意图

（单位：米）（摘自《设施园艺栽培新技术》）

半地下式日光温室：此温室内栽培畦面低于自然地面 0.9 ~ 1 米。优点是保温性能好，在北纬 43° 的高寒地区最冷季节内外温差可达 32℃ 以上。在内蒙古和西北地区有一定的推广价值。其缺点是南面低矮，不利于作业，后屋面仰角小，采光不好。如图 2 – 14。

3. 应用

温室投资大，管理成本高，一般用于冬春季栽培喜温的果菜类，供应春节市场，提高效益。

图 2 - 14　半地下式日光温室结构示意图

(单位：米)

(八) 现代化温室

1. 类型和结构

(1) 屋脊型连栋温室 (图 2 - 15)。这类温室多分布在欧洲，以荷兰面积最大。温室骨架均用矩形钢管、槽钢等制成，经过热浸镀锌防锈蚀处理，具有很好的防锈能力；另一类是门窗、屋顶等为铝合金轻型钢材，经抗氧化处理，轻便美观、不生锈、密封性好，且推拉开启省力。覆盖材料主要为平板玻璃和塑料板材。

图 2 - 15　屋脊型连栋温室

(2) 拱圆形连栋温室。这类温室主要在法国、以色列、美国、西班牙、韩国等国家广泛应用。我国目前引进和自行设计建造的现代化温室也多为拱圆型连栋温室。这种温室的透明覆盖材料采用塑料薄膜,因其自重较轻,所以在降雪较少或不降雪的地区,可大量减少结构安装件的数量。由于框架结构比玻璃温室简单,用材量少,建造成本低。塑料薄膜较玻璃保温性能差,因此,提高薄膜温室保温性能的一个重要措施是采用双层充气薄膜。同单层薄膜相比较,双层充气薄膜的内层薄膜内外温差较小,在冬季可减少薄膜内表面冷凝水的数量。同时,外层薄膜不与结构件直接接触,而内层薄膜由于受到外层薄膜的保护,可以避免风、雨、光的直接侵蚀,从而可分别提高内外层薄膜的使用寿命。为了保持双层薄膜之间的适当间隔,常用充气机进行自动充气。但双层充气膜的透光率较低,因此,在光照弱的地区和季节生产喜光作物时不宜使用。

2. 生产系统

现代化温室的生产系统包括自然通风系统、湿帘降温系统、加温系统、帘幕系统、补光系统、CO_2 发生系统、灌溉施肥系统和计算机控制系统等。自动控制是现代化温室环境控制的核心技术,可自动测量温室的气候和土壤参数,并对温室内配置的所有设备都能实现优化运行和实行自动控制,如开窗、加温、降温、加湿、调节光照、灌溉施肥和补充 CO_2 等,创造适合作物生长发育的环境条件。

3. 性能和应用

现代化温室生产面积大,设施内环境实现了计算机自动控制,基本不受自然气候的影响,能周年全天候进行园艺作物生产,是园艺设施的最高级类型。现代化温室建造投资大、运营费用高,在国外用于蔬菜花卉的工厂化生产,在国内多用于农业高科技园区的示范性栽培。

二、设施覆盖材料

在设施蔬菜生产中，除了具有适合当地使用的棚室等设施和配套的栽培技术，覆盖材料在设施生产中同样具有重要的地位。随着优质、高效、配套栽培技术的不断完善，新型覆盖材料的研制与应用迅速发展，一批具有改善透光性、提高保温性、延长使用期的造价低廉的塑料薄膜、玻璃、硬质板等新型覆盖材料，迅速推向市场，极大地提高了设施对小气候环境条件的控制和调节能力，提高了栽培技术水平。

（一）玻璃

1. 种类

当前温室玻璃的种类主要有：热射线吸收玻璃，在玻璃原料中添加 Fe 和 K 等以吸收近红外线，多为蓝、灰、棕色，可见光透射率低；热射线发射玻璃，双层玻璃并在玻璃之间填充热吸收物质以达到降温栽培效果，但也吸收少量可见光，在设施园艺上应用较少；热敏和光敏玻璃，根据温度或光线强弱变化而发生颜色变化，价格贵，未能广泛用于生产。

2. 性能

可见光透过率为 90% 左右，对 <2 500 纳米的近红外线有较强的透过率，对 330 ~ 380 纳米的近紫外线有 80% 透过率，对 <300纳米的紫外线有阻隔作用。热损失少，使用寿命长（>20年），耐候性好，防尘和防腐蚀，但是比重大，对支架的坚固性要求高，易破损。

3. 应用

玻璃一般作为建造玻璃温室的透明覆盖材料，玻璃温室是以全年创造适于植物生长发育的环境为目的，其外面全部或大部分镶上玻璃进行栽培作物的建筑物。玻璃温室投资较大，生产管理成本较高，一般用于喜温果菜类的冬春季栽培。也是观光农业生态园和农业院校、农研院所的主要设施之一。

（二）薄膜

农用塑料薄膜是设施生产最主要的透明覆盖材料，随着我国化学工业和材料工业的快速发展，设施蔬菜生产的面积迅速增长，各种特殊功能的塑料薄膜也应运而生，并在蔬菜设施生产上得到了广泛的应用。目前，塑料薄膜的种类有几十种之多，本书仅介绍生产上广泛应用的几种。

1. 种类

当前生产上常用的农用塑料薄膜主要有：聚氯乙烯薄膜、聚乙烯塑料薄膜、乙烯－醋酸乙烯多功能复合薄膜和调光薄膜等。聚氯乙烯薄膜根据生产过程中添加特殊物质和生产工艺的不同，又分为普通聚氯乙烯薄膜、聚氯乙烯长寿无滴膜和聚氯乙烯长寿无滴防尘膜；聚乙烯薄膜根据生产过程中添加特殊物质的不同，又分为普通聚乙烯塑料薄膜、聚乙烯长寿膜、聚乙烯无滴长寿膜、聚乙烯多功能复合膜、薄型多功能聚乙烯膜；调光薄膜根据生产过程中添加特殊物质的不同，又分为漫反射膜、转光膜、紫色和蓝色膜。

2. 性能

普通聚氯乙烯薄膜具有良好的透光性，阻隔远红外线，保温性强，柔软易造型，易黏结，耐候性好等优良性能，但是，密度大、成本高、低温下易脆化、高温下易松弛、吸尘、燃烧会产生毒气。聚氯乙烯长寿无滴膜比普通聚氯乙烯薄膜使用期延长、使用中大幅度提高透光率，防雾滴的效能阻止了雾滴滴在植物上，减少了病害的发生。聚氯乙烯长寿无滴防尘膜除具有聚氯乙烯长寿无滴膜的优良性能外，又增加了防尘和防老化性能，进一步提高了透光率和使用期。

普通聚乙烯塑料薄膜具有质地轻、柔软、易造型、透光性好、无毒、吸尘性弱、耐低温性强、红外线透过率高等优良性能，但是耐候性差、保温性差、雾滴性重、不耐高温、黏结性差。聚乙烯长寿膜比普通聚乙烯薄膜使用期延长、耐候性好、抗氧化、抗老化。聚乙烯无滴长寿膜除具有聚乙烯长寿膜的优良性能外，防老化和无雾滴的性能，透光率高、使用期长、耐候性好。聚乙烯多功能复合膜是在普通聚乙烯塑料薄膜制作基础上添加多种添加剂、保温剂、耐老化剂等，使其具有长寿、无滴、保温等多种功能。薄型多功能聚乙烯膜厚度仅为 0.05 毫米，为普通聚乙烯膜的一半，质量轻。由于加入光氧化和热氧化稳定剂提高了薄膜的耐老化性能，加入红外线阻隔剂提高了薄膜的保温性能，透光率有所降低为 82%～85%，但是散射光比例高达 54%，使棚室内作物上下层受光均匀，提高了栽培作物的光合效率，提高了产量。

乙烯－醋酸乙烯多功能复合薄膜是以乙烯－醋酸乙烯共聚物树脂为主体的三层复合功能性薄膜。其厚度在 0.10～0.12 毫米，幅宽 2～12 米。光合有效辐射区的透光性能、耐候性、耐低温性、耐冲击性、黏结性、焊接性、透光性、爽滑性等都明显高于聚乙烯膜，保温性能高于聚乙烯膜低于聚氯乙烯膜，防雾滴性能好，无滴持效期长。

漫反射膜主要是在减少直射光增加漫射光方面具有较强的性能，在阳光强烈的中午，棚室内温度明显低于普通膜覆盖的温度，而夜晚棚室内温度明显高于普通膜覆盖的温度。转光膜主要是能将部分紫外线转为橙红光，增加光合有效辐射的比例，提高作物产量，同时具有很好的保温性能，最低气温可提高 2～4℃。蓝色和紫色膜的透过蓝、紫光的比例增加，紫色膜透过较多的紫光可以使棚室内叶菜类植物生长健壮，防止徒长。

3. 应用

普通聚氯乙烯膜适用于风沙少、尘土少的地区，或要求夜间保温栽培的北方地区，0.10～0.15 毫米厚的薄膜用于大棚覆盖，0.03～0.05 毫米厚的薄膜用于中小拱棚；聚氯乙烯长寿无滴膜厚度在 0.12 毫米左右，在日光温室果菜类越冬生产上应用；聚氯乙烯长寿无滴防尘膜扩大了使用区域，在风沙较大、尘土较多的情况下也可以使用。普通聚乙烯膜不适合高温季节覆盖，0.05～0.08 毫米厚的薄膜用于大棚覆盖，0.03～0.05 毫米厚的薄膜用于中小拱棚覆盖；聚乙烯长寿膜使用寿命长，几乎可以用于四季栽培；聚乙烯无滴长寿膜和聚乙烯多功能复合膜适用于各种棚型，还可以在大型温室和大棚内当二道幕使用。乙烯－醋酸乙烯多功能复合薄膜即具有聚氯乙烯膜和聚乙烯膜的优点，又能克服聚氯乙烯膜和聚乙烯膜的缺点，是聚氯乙烯膜和聚乙烯膜较理想的更新换代材料。调光薄膜是具有特殊功能的薄膜，在进行设施蔬菜高产、高效、优质栽培时要根据不同蔬菜种类在不同生育期对环境条件的要求不同，进行有选择的使用。

（三）硬质板

近年来，随着我国化学工业的发展，硬质塑料板在设施蔬菜生产中的使用量有所增加。硬质塑料板不仅具有较长的使用寿命，可达 15 年，而且对可见光也具有较好的通透性，一般可达 90% 以上。

1. 种类

用于园艺设施的塑料板有玻璃纤维增强聚酯树脂版（FRP 板）、玻璃纤维增强聚丙烯树脂版（FRA 板）、聚丙烯树脂板（MMA 板）和聚碳酸酯树脂板（PC 板）等。前三者又称为玻璃钢。

FRP 板是以不饱和聚酯为主体加入玻璃纤维制成的复合材

料，厚度为 0.6~1.0 毫米，波幅为 32 毫米，表面有涂层或覆膜（聚氟乙烯薄膜）保护，以抑制在太阳光照射下龟裂，使透光率迅速减退。

FRA 板是以聚丙烯酸树脂为主体加入玻璃纤维制成的复合材料，厚度为 0.7~1.0 毫米，波幅为 32 毫米。生产上有 32 条波纹板和平板两种。

MMA 板以聚丙烯酸树脂为母料，不加玻璃纤维制成的透明材料，厚度为 1.3~1.7 毫米，波幅为 63 毫米或 130 毫米。

PC 板又称阳光板，是以聚碳酸酯为母料，制成的透明材料，生产上有双层中空平板和波纹板两种，双层中空板厚度为 6~10 毫米；波纹板厚度为 0.8~1.1 毫米，波幅为 76 毫米，波宽为 18 毫米。

2. 性能

FRP 板优点是价格便宜、强度高、安装容易；缺点是抗紫外线能力差、易吸尘、受污染会出现龟裂、时间长颜色会变黄。几乎不透过紫外线，使用寿命一般在 10 年左右。

FRA 板优点是透光性能好、抗紫外线能力弱、耐候性好、不发黄、质量轻、安装容易；缺点是易划伤、热胀冷缩系数大、时间长会变脆、价格高、不耐高温、不阻燃。紫外线透过率高，使用寿命可达 15 年以上。

MMA 板优点是很长时间使用后透光性能仍然保持很好、不透过红外线保温性能强、污染少；缺点是热线性膨胀系数大、耐热性能差、价格贵。

PC 板优点是强度高、抗冲击能力强，是 FRP 板、FRA 板和 MMA 板的 20 倍，温度适应范围广可达 -40~110℃，能承受冰雹、雪灾、强风的冲击，耐热耐寒性好，不宜结露、阻燃；缺点是防尘性差、热膨胀系数大、价格昂贵。使用寿命在 15 年以上。

3. 应用

主要用于温室的透明覆盖材料,与玻璃相比,硬质塑料板的重量都比较轻,可以降低温室支架的费用。由于塑料板材具有一定的弯曲性可以根据温室屋面造型的需要弯曲成曲面。

(四)保温被

保温被是在20世纪90年代研究开发出来的新型外保温覆盖材料,新型保温被保温效果优良、轻便、表面光滑、防水、使用寿命长。在设施环境调控中它是一种主要的保温材料。

1. 种类

一般来说保温被都是由3~5层不同材料复合组成,由外层向内层依次为防水布、无纺布、棉毯、镀铝转光膜等。根据各个生产厂家和生产上保温要求的不同,可在各层进行改造。可以在外层防水布内面加一层塑料薄膜,中间可以增加棉毯的层数,内层可以增加防止红外线辐射的隔热层。通过改造,形成了多种规格和类型的保温被。

针刺毡保温被是由旧碎线、旧碎布等材料经过一些处理后重新压制而成的保温覆盖材料,可以和镀铝薄膜与化纤布相间缝合,增加防风性能和保温性能。

腈纶棉保温被是用腈纶棉、太空棉和无纺布缝合而成的防寒覆盖材料,保温效果好,在雨雪天气,水会从针眼渗入保温被下,影响保温效果。

棉毡保温被是用棉毡为主要保温材料,在其两面覆上防水牛皮纸缝合而成的保温覆盖材料,保温效果较好,价格低廉。

泡沫保温被是上下两面用化纤布为面料,采用微孔泡沫作为主要填充保温材料,缝合而成的特性保温覆盖材料。具有质轻、保温、防水、柔软、耐老化和耐腐蚀的特性,但是重量太轻注意防风,同时不宜机械卷放。

复合型保温被具有是用 2 层 2 毫米厚的蜂窝塑料薄膜，加 2 层无纺布，外边再加化纤布缝合而成的保温覆盖材料。具有重量轻、保温性能好、易收放的特性，但蜂窝状薄膜机械卷压易碎，不宜机械卷放。

2. 性能

针刺毡保温被、腈纶保温被、棉毡保温被适于电动卷被，具有重量轻、保温效果好、成本低、防水、阻隔红外线辐射、使用年限长等优点。非常适于电动操作，能显著提高劳动效率，并可延长使用年限，但经常停电的地方不宜使用电动卷被。泡沫型保温被和复合型保温被具有价格低、保温、质轻、耐老化、耐腐蚀等优点。

3. 应用

保温被是一种高效节能型生产设施，由于其具有建造成本低、保温效果好等特征，因而许多农业生产者都将其应用于生产中。设施园艺生产上，保温被主要铺设在温室的前屋面和大棚的前坡面，主要用于温室和大棚的夜间保温，为提高温室和大棚的保温性能保温被可以和其他覆盖材料配合使用。

（五）草苫

1. 种类

目前生产上使用最多的稻草苫，其次是蒲草、谷草、蒲草加芦苇以及其他山草编制的蒲草苫。稻草苫一般宽 1.5~1.7 米，长度为采光屋面之长再加上 1.5~2 米，厚度在 4~6 厘米，大经绳在 6 道以上。蒲草苫强度较大，卷放容易，常用宽度为 2.2~2.5 米。

2. 性能

草苫保温效果好，覆盖后可以提高设施内温度 5~6℃。草苫虽然取材方便，但编制比较费工，耐用性不太理想，一般只能使用3年左右。草苫对塑料薄膜的损伤较大，使用时间较长容易对薄膜产生污染。并且自重大、收放时间长、作业劳动强度大、难以实现机械化作业；防水性能差，遇水后材料导热系数激增，几乎失去了其保温效果，且自身重量成倍增加，给温室骨架造成很大压力；在多风地区或遇风条件下，由于本身的孔隙较多，如不与其他密封材料配合使用，其单独使用的保温性能有限。

3. 应用

草苫价格低廉，对环境无污染，是一种属于绿色环保的农业加工产品。其保温效果好，紧密不透光，遮光能力强，目前，已为我国河南省、山东省、河北省、山西省、甘肃省和内蒙古自治区等地的塑料大棚和温室的主要保温覆盖材料。

（六）寒冷纱

寒冷纱是一种用耐腐蚀、抗油污、不霉烂、抗日晒、耐候性强、不易老化、无毒的聚乙烯醇甲醛纤维织造而成的窗纱结构的新型覆盖材料，一般厚度为0.05~1.0毫米。

1. 性能

寒冷纱是一种窗纱结构的网状化纤纺织物，具有遮光降温、防霜保墒，挡风防虫等作用，从而显著地改善田间小气候、促进作物的生长发育，提高产量和品质。覆盖寒冷纱的设施内比露地气温可降低3~5℃，地温降低2~4℃，遮光率为30%~35%。

2. 应用

目前，日本将寒冷纱广泛应用于蔬菜、果树、茶叶、花卉及其他农作物的设施栽培上，寒冷纱能起遮光降温、防霜保墒、挡风防虫等作用，从而显著地改善田间小气候、促进作物的生长发育，提高产量和品质。夜间，寒冷纱具有一定的保温作用，同时，覆盖寒冷纱还能提高土壤的湿度和空气的相对湿度，覆盖寒冷纱后对生姜的生长发育有非常显著的促进作用，产量比对照提高 50% ~60%，所以，在喜荫、喜冷凉的蔬菜上使用寒冷纱有一定的增产效果。

三、设施环境控制与作业机械设备

（一）卷帘机

卷帘机是用于温室大棚覆盖材料自动卷放的农业机械设备，根据安放位置分为前式、后式，根据动力源分为电动和手动，常用的是电动卷帘机，一般使用 220 伏或 380 伏交流电源。卷帘机的出现极大的推动了温室大棚卷帘作业的机械化发展。

1. 卷帘机的工作形式

前式卷帘机包括主机、支撑杆、卷杆三大部分，支撑杆由立杆和横杆构成，立杆安装在大棚前方地桩上，横杆前端安装主机，主机两侧安装卷杆，卷杆随棚体长短而定；后式卷帘机包括主机、卷杆和立柱三大部分，一般在苫子前端还装上芯轴，主机转动卷轴，卷轴带动每根绳索，每间棚一般装有 2 ~ 3 根卷绳。前式卷帘机工作原理是通过主机转动卷杆，卷杆直接拉动草苫或保温被，拉放均有动力支持（图 2 - 16）；后式卷帘机工作原理是主机转动卷杆，卷杆缠绕拉绳，拉绳拉动草苫或保温被，放落草苫或保温被时，便利用其自身重量沿棚面坡度滑落而下。

2. 卷帘机的使用与维护

（1）卷帘机的安装。卷帘机安装点应选定在温室大棚前的中间部位，将主机搬运到安装点，按主机输出端靠向大棚方向，便于臂杆的连接，电机端指向棚外，等待下步与副杆连接；将臂杆分别用 M14 以上高强度螺栓锁定于主机两端输出联轴器上；将卷轴从主机联轴器向两端依次排布，并用 M12 螺栓将管轴、管套套接式连接起来，且紧固可靠，严禁松动，坚固件松动将影响卷轴

图 2 - 16　前式卷帘机

的使用寿命，甚至危及使用安全。此时一般分两组操作为宜，一向左端进行，一向右段进行，以提高工效。将按要求摆布的苫帘，垂直的平铺在大棚上，且底帘下边所铺绳带要外露 40 厘米以上。将连接好的机器连同卷轴抬起放到苫帘下端的苫帘表面上，要求卷轴一定顺直，左右上下不得有弯曲现象，否则要重新调整，达到要求为止。仔细绑扎绳带与卷轴固定桩，保证绳带的松紧一致防止苫帘的跑偏。分头逐个将苫帘的下端捆起并绕卷轴一周用细铁丝将苫帘与卷轴捆扎成一体。由一名电工将电器部分准备好，先接入换向开关，然后送电观察电机正、反转，直至电机端支架口开始上翘至约 90°时，断电关机。电器开关装置一般装在棚顶的中部或一端。地锚安装地应依据棚的高度、跨度预定固定位置，一般选在棚中段的前方 1.8 ~ 2.2 米处，装后若不合适可重新调整。固定地锚时，先用铁镐在地上挖一小坑，再将地锚尖端向下，夯入地下培土固牢。将主杆按"T"形铰链冲向地桩南北摆放，按图示要求用随机配件大销栓配合平垫将主杆与地锚铰链连接可靠，最后用开口销锁定。再依次将主杆与副杆用上述相同的方式，用随机小销组件将其锁定，随用 2～3 条绳索固定于铰链处的副杆上，由 2 人以上手执绳索的另端从西北、北、东北三方向将支杆慢慢拉起，另 2 人抱定副杆下端并将副杆插入电机架管筒，并分别将管外侧的两只 M12 高强度螺丝拧紧备牢。螺栓一定可靠锁紧，严禁松动，以防杆、机脱离，发生危险。机箱内确保加入蜗轮、蜗杆专用油或 18 号齿轮油 3～4 千克。

（2）卷帘机的调试。安装结束后，要进行一次全面检查，对主机、支杆、卷轴、电器一一进行检查无误、安全可靠后方可进行运行调试工作。第一次送电运行，约上卷 1 米，看苫帘调直状况，若苫帘不直可视具体情况分析不直原因，采取调直措施。本次运行，无论苫帘直与不直都要将机器退到初始位，目的是试运行，一是促其草帘滚实，二是对机器进行轻度磨合。第二次送电运行，约上卷到 2/3 处，再进行上次工作，目的仍是促其苫帘进一步滚实和对机器进行中度磨合。然后，再次将机器退回到初始位。第三次送电前，应仔细检查主机部分是否有明显温升现象，若不超环境温度 40℃，且未发现机器有异声、异味，可进行第三次送电运行至机器到位。

（二）滴灌系统

滴灌是将加压水（根据需要加入可溶性化肥或农药）经过滤后，通过管道输送至滴头，以水滴（或渗流）形式，适时适量地向作物根系供应水分和养分的灌溉方法。滴灌是一种机械化、自动化的灌溉技术，且节省水量，提高水的利用率，是一种节水灌溉技术。

1. 滴灌系统工作形式

滴灌系统一般由水源、首部枢纽、输水和配水管网和滴头四部分组成。符合农田灌溉水质要求，含沙量、含杂质量较少的水源均可作为滴灌水源，不符合条件的可以进行沉淀、过滤等净水处理后方可作为滴灌水源。首部枢纽包括水泵、动力机、化肥罐、过滤器、控制及测量设备等，其工作原理是从水源抽水加压，经过滤后按时按量输送至管网。输水和配水管网包括干管、支管、毛管、管路连接件和控制设备，其工作原理是将具有压力的水或化肥溶液均匀的输送到滴头。滴头使毛管里的具有压力的水流经过细小流道和孔眼，使能量损失或减压成水滴或细流，均匀分布于作物根区土壤。

2. 滴灌系统的使用与维护

滴灌的设计首先主要考虑灌水量的确定，应根据栽培作物的种类、栽培季节、土壤条件等选择合适的滴头，保证充足的灌水量；然后根据灌水量、灌水所需压力，选择合适的水泵；最后通过确定合理的毛管长度或增加田间支管的分布数来减少毛管中的水压差，提高灌水的均匀性。

滴灌系统的运行管理主要包括滴灌水的处理、滴灌的水管理和滴灌系统的日常管理。滴灌水的处理主要根据水质情况采用澄清、过滤处理或氯化处理、加酸处理等；滴灌的水管理主要是根据作物种类和生育时期对土壤水分的需求，以及气候、土壤本身含水量确定适宜的灌溉量；滴灌系统的日常管理内容主要有：根据灌溉的需要，张力计读数、开启和关闭灌溉系统，根据需要施加可溶性化肥和农药，对过滤器、管路进行冲洗，防止滴头堵塞。

（三）水肥一体化

水肥一体化技术是将灌溉与施肥融为一体的现代农业新技术。水肥一体化是借助压力灌溉系统，将可溶性固体肥料或液体肥料配兑而成的肥液与灌溉水一起，均匀、准确地输送到作物根部土壤。大幅度提高肥料的利用率，可减少50%的肥料用量，水量也只有沟灌的30%～40%。

1. 水肥一体化设备工作形式

目前，常用形式是微灌与施肥的结合，且以滴灌、微喷与施肥结合的居多。首先是建立一套滴灌系统。在设计方面，要根据地形、田块、土壤质地、作物种植方式、水源特点等基本情况，设计管道系统的埋设深度、长度、灌区面积等。水肥一体化的灌水方式可采用管道灌溉、喷灌、微喷灌、泵加压滴灌、重力滴灌、渗灌、小管出流等。微灌施肥系统由水源、首部枢纽、输配水管道、灌水器四部分组成。其次是建设必要的施肥系统。在田间要设计为定量施肥，包括蓄水池和混肥池的位置、容量、出口、施肥管道、分配器阀门、水泵肥泵等。

2. 水肥一体化设备的使用与维护

选择适宜肥料种类。可选液态或固态肥料，如氨水、尿素、硫铵、硝铵、磷酸一铵、磷酸二铵、氯化钾、硫酸钾、硝酸钾、硝酸钙、硫酸镁等肥料；固态以粉状或小块状为首选，要求水溶性强，含杂质少，一般不应该用颗粒状复合肥；如果用沼液或腐殖酸液肥，必须经过过滤，以免堵塞管道。

肥料溶解与混匀，施用液态肥料时不需要搅动或混合，一般固态肥料需要与水混合搅拌成液肥，必要时分离，避免出现沉淀等问题。

施肥时要掌握剂量，注入肥液的适宜浓度大约为灌溉流量的0.1%。例如灌溉流量为每亩50立方米，注入肥液大约为每亩50升；过量施用可能会使作物致死以及环境污染。

灌溉施肥的程序分3个阶段：第一阶段，选用不含肥的水湿润；第二阶段，施用肥料溶液灌溉；第三阶段，用不含肥的水清洗灌溉系统。

（四）小型手扶旋耕机

小型手扶旋耕机小巧轻便，非常适用于大棚温室耕耘作业，是进一步提高设施蔬菜生产机械化的主要农业机具。广泛应用于旋耕、开沟、作畦、起垄、中耕、培土、铺膜、打孔等作业。

1. 小型手扶旋耕机的工作形式

小型手扶旋耕机主要有机架、悬挂架、传动部分、旋耕刀轴、刀片、罩壳等部分组成（图2－17），其中，旋耕刀轴、刀片是主要部件，刀片螺旋状排列，焊接在刀轴的刀座上。旋耕机悬挂在小型拖拉机上，由拖拉机动力输出轴经万向节、变速箱驱动旋转，旋转方向与拖拉机驱动轴方向相同，刀片随刀轴转动自动地从上到下削切土壤，由于拖拉机的不断前进，刀片不断削切新的土壤，切下土团被抛向后方，与罩壳、托板相撞击而破碎，随后由托板拖平。

图2－17　小型手扶旋耕机

2. 小型手扶旋耕机的使用与维护

在使用新购买的旋耕机前，必须检查各零部件和紧固件是否在运输过程中丢失或松动，如果有则必须补足或拧紧相关零部件。旋耕机通过传动轴与拖拉机的输出轴连接来驱动旋耕刀片，在进行连接悬挂时，要在旋耕机上装好万向节、安全销，同时在拖拉机上装好另一个万向节，两端相邻万向节的开口，应在同一平面，在拖拉机下悬挂提升到与旋耕机悬挂销同样高度时倒车，倒车时安装传动轴、挂上下悬挂、安上锁销、安好上悬挂。传动轴的长端必须与拖拉机的型号相配，保证旋耕机提升时，轴与套既不顶死，又有足够的配合长度，并按照标准三点悬挂链接。磨合时，先加注齿轮油到距离螺钉口 25 厘米处时为止，然后提升旋耕机，启动拖拉机原地磨合，运行 2 个小时后关机，放出齿轮油后，加入适量的柴油，清除齿轮箱底部的污物，再放出柴油，拧紧放油螺栓，按照使用说明书的规定，加入合格的齿轮油到规定的数量，检查刀片在运输过程中有无松动或损坏，如有松动或损坏，应加固或更换。旋耕机连接检查后，为了使其耕深、碎土和平土符合农业生产要求，还要进行调整。一般来说，旋耕机工作深度不应小于 10 厘米，与手扶拖拉机配套的旋耕机，通过改变尾轮高度，调整耕地深度，调整时转动调节手柄即可，与轮式拖拉机配套的旋耕机，耕深由液压系统控制，调整耕深以前，先调整拖拉机上拉杆的长度，直到旋耕机与传动轴基本在一个平面为止，再调整液压油缸活塞杆上的卸位器，设置旋耕机的入土深度。为了保证左右两侧旋耕深度一致，应检查两侧刀尖离地面距离是否一致，如果离地面距离不一致，应调整拖拉机的两侧拉杆，直到两侧旋耕刀离地面距离一致时为止。为了使传动轴和万向节平稳转动，当旋耕机连接好后，用尺测量旋耕机两边与后轮的距离，判断传动轴与前进方向的夹角是否一致，如果夹角不一致，调节拖拉机下拉杆，使旋耕机处于最有利的工作状态。万向节向上的倾角如超过 30°会增加万向节的功率损耗，也容易损坏万向节，如地头转弯时，如果先切断旋耕机的动力再提升将影响工作效率，所以需要在传动中提升旋耕机，但必须限制提升高度，一般提升到刀尖离地 15～20 厘米为好。

旋耕机的运行操作主要包括起步、运行、转弯、倒退等。拖拉机起步时，旋耕机应处于提升状态，刀尖离地 20 厘米，不必过高。结合动力装置输出轴运转时，观察各传动部位有无异常现象。待旋耕机达到预定转速后，柔和放松离合器，拖拉机缓慢起步，同时操作液压升降调节手柄，使旋耕机缓慢降下，逐渐入土，直到达到耕深为止。耕作时前进的速度，以每小时 2～3 千米为宜，在已耕翻或耙过的地里以每小时 7 千米为宜，前进速度不可过快，以防止拖拉机超负荷，损坏动力输出轴。旋耕机工作时，万向节倾角不应大于 15°，拖拉机轮要位于旋耕机轮工作幅宽以内，走在未耕地上，以免压实已耕过的田地。作业中如果刀轴上过多的缠草，应及时停车清理，以免增加机具负荷。行进中如果遇到障碍物，如石块、水管等应注意绕开，以免损害机器。旋耕作业时，拖拉机和悬挂部分严禁乘人，以防不慎被旋耕机伤害。使用手扶拖拉机旋耕机组作业时，副变速杆必须放在低的位置才能使用旋耕机。旋耕机入土后，严禁中途转弯，地头转弯时应将旋耕机提升出土，距地 20 厘米即可，以避免刀片变形、断裂，并适当降低发动机转速，可以不切断动力，但应注意旋耕机不应提升过高，万向节传动角度应不超过 30°。旋耕刀入土后严禁倒退，工作中若需倒车，必须提升旋耕机，避免托板倒卷入土，与刀片相撞，造成损坏。

检查旋耕机时必须先切断动力，维修和保养旋耕机时，必须将拖拉机熄火。定时检查刀片有无折断、丢失、有无严重磨损或变形，必要时进行更换；检查刀轴两侧油封有无损坏及轴承的磨损情况，必要时拆开清洗、添加润滑油或更换轴承，清理刀轴及机罩上台的残草、积泥和油污；每季工作结束后，应彻底清洗机体和传动箱，然后加入新润滑油，清洗轴承，检查油封，检查刀片并涂上黄油或废机油防锈，如长期停放则应停在室内。

（五）机动喷雾器

机动喷雾器具有功率大、压力强、射程远、喷雾均匀等优点，在蔬菜生产上具有喷药效率高、节省农药、雾化效果好附着力强等优势。当前广泛应用于蔬菜大棚的生产。

1. 机动喷雾器的工作形式

机动喷雾器一般由发动机、皮带轮及皮带、泵支架、泵体、叶轮及轴、储药室及管道等部分组成。当发动机曲轴驱动风机叶轮高速旋转时，风机产生的高压气流，其中大部分经风机出口流向喷管，少部分流经进风阀、软管、滤网到达贮药箱内药液面上的空间，对液面施加一定压力，药液在风压作用下通过粉门、出水塞接头、输液管、开关到达喷嘴（即所谓气压输液）。喷嘴位于弥雾喷头的喉管处，由风机出风口送来的气流通过此处时因截面突然缩小，流速突增，在喷嘴处产生负压。药液在贮药箱内受正压和在此处受负压的共同作用下，源源从喷嘴喷出，正好与由喷管来的高速气流相遇。由于两者流速相差极大，而且方向垂直，于是高速气流将由喷嘴出来的细流或粗雾滴剪切成细小的雾滴，直径在 100 ~ 150 微米，并经气流运载到远方，在运载沿途中，气流将细小的雾滴进一步弥散，最后沉降下来。

机动喷雾器目前根据使用方式不同可以分为背负式、担架式和与拖拉机牵引配套的机型，目前，蔬菜大棚生产应用较普遍的是背负式和担架式，背负式使用最广泛的是东方红－18型背负式弥雾喷粉机；担架式机动喷雾机是由汽油机或柴油机驱动工作的一种喷雾机，其工作部件安装在机架上，由两人抬着作业和在田间转移。拖拉机牵引配套的机型，适用于棉田、稻田和果园防治病虫害。

2. 柴油喷雾器的使用与维护

按说明图正确安装机动喷雾器零部件，安装完后，先用清水试喷，检查是否有滴漏和跑气现象。在使用时，要先加 1/3 的水，再倒药剂，然后加水达到药液浓度要求，但注意药液的液面不能超过安全水位线。初次装药液时，由于喷杆内含有清水，在试喷雾两三分钟后，正式开始使用。工作完毕，应及时倒出桶内残留的药液，再用清水清洗干净。若短期内不使用机动喷雾器，应将燃油及润滑油倒净，并及时清洗油路，同时将机具外部擦干装好，置于阴凉干燥处存放。若长期不用，应先润滑活动部件，防止生锈，并及时封存。加油时必须停机，注意防火。启动后和停机前，须空载低速运转 3 ~ 5 分钟，严禁空载大油门高速运转和急骤停机。新机磨合达 24 小时以后方可负荷工作。

　　机动喷雾器使用后应随时保养，长期存放时，除做好一般保养工作外，还要做好以下几点：药箱内残留的药液、药粉，会对药箱、进气塞和挡风板等部件产生腐蚀，缩短其寿命，因此，要认真清洗干净；汽化器沉淀杯中不能残留汽油，以免油针、卡簧等部件遭到腐蚀；务必放尽油箱内的汽油，以避免不慎起火，同时防止了汽油挥发污染空气；用木片刮火花塞、气缸盖、活塞等部件的积炭。刮除后用润滑剂涂抹，以免锈蚀，同时检查有关部位，应修理的一同修理；清除机体外部尘土及油污，脱漆部位要涂黄油防锈或重新油漆；存放地点要干燥通风，远离火源，以免橡胶件、塑料件过热变质，但温度也不得低于 0℃，避免橡胶件和塑料因温度过低而变硬、加速老化。

（六）收获滑轨

　　在设施蔬菜收获时，由于设施内狭窄，机械运输设备无法进入，往往靠人工肩扛背驮，收获效率低。为进一步提高设施内蔬菜产品的运输效率，可以在设施安装收获滑轨，设施轨道可安装在温室靠近北部支撑墙的顶部，利用该轨道可实现设施生产资料、蔬菜的运输，提高劳动生产率。

1. 收获滑轨的工作形式

设施轨道输送系统主要由固定支撑架、省力输送轨道、物资输送架、化学农药高压输送管道等部分组成。其原理是采取多组滑轮在输送轨道上的高效滚动达到省力目的。在温室运输生产所需的肥料等生产资料时，生产人员只需将这些生产资料放在输送架上即可。在农产品收获季节，利用该轨道可运输蔬菜。

2. 收获滑轨的使用与维护

收获滑轨使用时切忌不可无人控制，防止运输容器内物体滑出；用力不可过猛，防止滑轨上固定销脱落。滑轨使用后要及时检查固定轨道的固定销是否松动或脱落，轨道滑动部分的滑轮要在使用后补充润滑油。

模块三　设施蔬菜栽培模式

一、土壤栽培

土壤由岩石风化而成的矿物质，动植物、微生物残体腐解产生的有机质，土壤生物（固相物质）以及水分（液相物质）、空气（气相物质），氧化的腐殖质等组成。土壤为蔬菜的生长提供水分、无机盐和各种营养元素，土壤通气状况、水分状况和营养状况直接影响蔬菜栽培的品质和产量，人们可以通过调整土壤状况来调节作物生长情况，从而控制蔬菜生产的品质和产量。

（一）土壤栽培的涵义

土壤栽培就是在土壤上栽培蔬菜的作物栽培方式，也是我国延续几千年的传统的作物栽培方式。它是相对于无土栽培而言的，虽然我国近几十年蔬菜无土栽培发展迅速，但是，在我国蔬菜栽培面积中所占的比例是很少的，绝大多数蔬菜栽培仍是采用传统的土壤栽培方式。

（二）土壤栽培的特点

土壤栽培蔬菜，投资少，只需要适当的灌溉、施肥、中耕等简单的技术措施，就能满足蔬菜生长的需要；操作简单，不需要很多的设施设备，尤其是不需要太高的文化知识水平；对温度、空气、pH 值有较强的缓冲性，有很好的保肥保水能力，各种有益菌的活动有利于蔬菜生长等。但是，土壤栽培要经常进行耕作、施肥、除草等操作费时费力，同时又容易被农药污染；城市近郊和工矿区的蔬菜生产，由于受到废水、废气、废渣和城市垃圾的污染，品质下降；施用人粪尿、厩肥等农家肥料，易含有杂质和含有毒素的物质，会导致重金属的富集，包括镉、汞和铅，这些重金属首先出现在土壤中，然后被植物吸收，之后转移到食用这些植物的人畜（包括牛、猪等）体内；土壤漏水漏肥，水肥利用率较低。

（三）设施蔬菜土壤栽培存在的主要问题

（1）设施内土壤由于盲目的大量施肥又缺少降雨淋溶，容易造成土壤表面盐分聚积，盐分主要集中分布在 0～10 厘米的表层，对种子的萌发和幼苗的生长造成严重的影响，如不改良，将会严重影响植物生长、产量和品质，甚至绝收。

（2）设施内土壤由于氮肥施用量大，容易造成土壤酸化，7 年棚龄的设施内土壤 pH 值可比露地 pH 值低 1.4。

（3）设施栽培蔬菜往往连作现象比较突出，易造成十字花科的软腐病；茄果类、瓜类的猝倒病、立枯病、疫病、根腐病、枯（黄）萎病；番茄、辣椒的青枯病及线虫等土传病虫害加剧。

（4）设施内土壤微生物活动旺盛，有机质含量高且分解快，有机质含量变化幅度大。

二、无土栽培

无土栽培不再是一项仅与土壤、根系有关的单方面的技术措施，而是已形成为一种在技术上高度密集配套、管理上达到科学优化、生产上实现高产、优质、低耗、高效要求的农业生产技术新体系，具有诸多优越性。因此，无土栽培是实现蔬菜由传统庭园生产向工厂化、规模化、集约化转变的新型栽培方式。

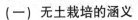

（一）无土栽培的涵义

无土栽培是指不用或部分不用天然土壤，而用营养液或固体基质加营养液直接向植物提供生长发育所必需的营养元素栽培作物的方法。无土栽培目前已成为设施农业的重要内容，也是农业作物工厂化生产的重要形式，是发展高效农业的新途径，已成为西方园艺发达国家园艺作物工厂化生产的重要形式。

（二）无土栽培的技术特点

无土栽培具有产量高、品质好、效益大等特点一般土壤栽培番茄产量 25～30 吨/公顷，而无土栽培番茄产量可达 150～450 吨/公顷，为土壤栽培的 8～15 倍，且品质好，维生素 C 提高 30（毫克/千克）；水分和养分利用率高，无土栽培作物的耗水量只有土壤栽培的 1/10～1/5；减轻病虫害，节省费用；省工、省时、省力，节省土地。并具有易于实现工厂化、现代化生产等优点。

但是，无土栽培也具有开始时投资较大；有些病害传播较快，如镰刀菌属和轮枝菌属的病菌为害较多；营养液的配制和供应较为复杂；温室环境的调控水平不高等缺点。

（三）无土栽培的类型

1. 基质栽培

基质培是无土栽培的最主要形式。基质培即固体基质栽培，固体基质又可分为无机基质、有机基质和有机无机混合基质（简称复合基质）。

（1）基质栽培的涵义。基质栽培是固体基质栽培植物的简称。用固体基质固定植物根系，并通过基质吸收营养液和氧的一种无土栽培方式。基质种类很多，常用的无机基质有蛭石、珍珠岩、岩棉、沙、聚氨酯等；有机基质有泥炭、稻壳炭、树皮等，因此基质栽培又分为岩棉栽培、沙培等,采用滴灌法供给营养液(图3-1)。

图3-1 基质栽培黄瓜

(2)基质栽培的技术特点。固体基质栽培与水培、雾培相比具有下列的技术特点:植物根系生长的环境比较接近于天然土壤;设备投资少,一次性投入较少,管理相对简单;由于是仿土壤栽培,基质性能比较相对稳定,持水、透气、缓冲性能好;经济效益较好。

(3)蔬菜基质栽培技术流程。蔬菜基质栽培的技术流程为基质的准备→营养液的配置与管理→安装灌溉系统。

基质的准备包括基质的选择、基质的混合和基质的消毒等环节。根据栽培蔬菜种类的需要合理选择基质种类,有机基质包括发酵后的草炭、锯末、炭化稻壳等,无机基质包括岩棉、炉渣、珍珠岩、蛭石、陶粒等。选择好基质后按一定比例混合均匀,如

1：1的草炭、蛭石；1：1的草炭、锯末；1：1：1的草炭、蛭石、锯末；1：1：1的草炭、蛭石、珍珠岩等。混合后栽种之前要消毒，一般用消毒柜蒸汽消毒和福尔马林溶液熏蒸消毒。

营养液的配置与管理主要是根据栽培蔬菜的需要合理选择适宜的营养液配方，一般选择日本园试标准配方和日本山崎配方。选择好配方按照称量→调节酸碱度→配制母液→配制工作液。营养液的浓度管理，第一周使用新配制的营养液，第一周末添加原始配方营养液的一半，第二周末把营养液罐中所剩余的营养液全部倒掉，从第三周开始重新配制新的营养液，并重复以上过程，营养液酸碱性的适宜范围一般调整为 5.5~6.5，营养液温度一般控制在夏季液温不超过28℃，冬季不低于15℃，可通过搅拌、营养液循环流动、适度降低营养液浓度或用充气泵向营养液中充气加氧。

安装灌溉系统主要是根据生产需要安装供液装置、输液管道、喷头或滴液装置。

（4）基质栽培在蔬菜设施栽培上的应用。基质栽培在增加生产成本较少的情况下，进行袋式栽培、箱式栽培广泛应用于蔬菜设施生产，很好地解决了温室蔬菜生产的连作土传病害过重的问题。穴盘基质育苗技术克服了普通露地育苗及传统营养钵育苗成苗率较低、苗期病害难以控制、工本投入高、床地占用面积大等弊端，是蔬菜育苗的一大技术革新，以其出苗整齐、成苗率高、土地利用率提高、缓苗期短、促早发效果明显等优势，在设施蔬菜栽培育苗上逐渐普及应用。有机生态型基质栽培应用于设施蔬菜的墙式栽培，充分利用设施空间，提高了单位面积蔬菜产量。

2. 水培

水培技术是日本较早开始研究发展的，称为深液流水培（或深水培，DFT），其具体的形式有多种，如 M 式、神园式、协和式等，但都有一个共同的特征，就是液层较为深厚。

（1）水培栽培的涵义。水培是将蔬菜的部分根系悬浮在装有营养液的栽培容器中，营养液循环流动不断改善供氧条件，而另一部分根系裸露在潮湿空气中的一种无土栽培方法。水培根据其营养液液层的深度、栽培系统结构和供氧、供液等管理措施的不同，可划分为两大类型：深液流水培技术即营养液液层较深、植物由定植板或定植网框悬挂在营养液液面上方，而根系从定植板或定植网框伸入到营养液中生长的技术，也称深水培技术（图3-2）；营养液膜技术即营养液液层较浅，植株直接放在种植槽槽底，根系在槽底生长，而营养液以一浅层在槽底流动，有时也称浅水培技术。

图3-2　芹菜深水培栽培

（2）水培栽培的技术特点。深水培技术必须符合"深、流、悬、黑"等技术要求。深即盛装营养液的种植槽本身较深和种植槽内营养液液层较深，根系生长环境相对较稳定，营养的补充和调节方便；流即是指营养液是循环流动的，根系能吸收到足够的氧气；悬即是指植物悬挂种植在营养液液面之上，让根颈部远离液面，防止根颈部浸入营养液中而产生腐烂甚至死亡，提高根系的供氧能力；黑即种植槽必须是不透光的，根系和营养液处于黑暗之中，以利于根系生长并防止营养液中滋生绿藻。

浅水培技术符合营养液以数毫米至 1~2 厘米的浅层状态流动的，根系一部分浸没在这一浅层营养液中，而绝大部分裸露在种植槽中潮湿的空气里，较好地解决了供氧问题，同时也能保证了作物对水分和养分的需求；种植槽主要是由塑料薄膜或其他轻质材料做成的，结构简单和轻便，安装和使用便捷，降低了基本建设投资，使之更易于推广应用。

（3）水培栽培的技术流程。当前我国水培蔬菜比较常用的就是营养液膜技术，其技术流程主要是：种植系统的安装及调试→育苗与定植→营养液配方的选择和管理。

种植系统的安装及调试主要工作是种植槽的检查与消毒、供液系统调试、其他辅助设施调试等。种植槽的检查与消毒，检查槽底是否平整，塑料薄膜是否破裂渗漏。如果是换茬后重新使用的种植槽，在使用前也要检查塑料薄膜是否渗漏，同时要对种植槽进行彻底的清洗和消毒。供液系统主要检查水泵的工作情况，所有供水管道的接合处是否密封严实，同时检查每一条伸入种植槽的供液毛管是否畅通，各槽的出水量是否较为一致，回流管道也需检查是否能及时排除槽内流出的营养液。其他辅助设施主要检查营养液的电导率和酸碱度自控装置的工作情况，确保其正常工作。

育苗与定植主要是小株型作物的育苗可用压制成型的育苗块来育苗；大株型作物的育苗采用体积较大的育苗块（如岩棉块）或定植杯育大苗的方法来育苗。

营养液配方的选择和管理主要工作是要选择一些稳定性较好的营养液配方。选择供液量和供液方法解决养分和氧气的供应，为了解决植株根系氧气的供应问题，可采用两种方法：一是连续供液法,是指营养液无论是在白天或是在夜晚均不断地流入种植槽中的供液形式;二是间歇供液法,是指营养液以间歇的形式流入种植槽的供液方法。营养液液温的调整由于根际温度与气温对作物生长的影响具有一定程度上的互补性,因此,可通过对营养液液温的调控来促进作物的生长。适当地提高供液量有助于稳定种植槽内液温的变化,而且对于水分和养分的供应上也是有好处的。稳定槽内液温还可以利用保温性能较好的材料例如泡沫塑料等来做成种植槽,把管道尽可能埋于地下、将贮液池建在室内等方法也有助于稳定液温。有些人还在冬季低温时在铺设种植槽的地面预先铺设电热线,然后在电热线上铺上作为种植槽的塑料薄膜,通过加热来提高液温。在种植作物过程营养液的组成和浓度变化较为剧烈,贮液池中的营养液消耗较快,所以要经常进行养分和水分的补充。经过一段时间种植之后的营养液,由于其中已积累了许多植物根系的分泌物以及由于肥料不纯净而带入的杂质和作物吸收较少的盐分,此时要更换营养液。一般生长期为6个月或以上的作物如番茄、甜椒等,经过2~3个月要更换一次,整个生长期更换1~3次,而生长期短的作物如叶菜类,每种植1~2茬之后更换一次就可以。

(4)水培技术在蔬菜上的应用。在1984年我国对蔬菜无土栽培进行了深入研究,随着在我国大中城市郊区的推广应用,目前,在生产面积和种类上取得了较快的发展,在番茄、黄瓜、辣椒、节瓜、丝瓜、甜瓜、西瓜等果菜类以及菜心、小白菜、生菜、通菜、细香葱等叶菜类无土栽培方面拥有了比较适合我国现阶段国情的蔬菜生产技术。

(四)无土栽培在蔬菜设施栽培上的应用

随着无土栽培配套技术的逐步完善,无土栽培在蔬菜生产上的应用范围逐步扩大。无土栽培主要应用于保护地的蔬菜的反季节和长季节栽培以及与生物工程结合在一起，进行组织培养，大规模生产种苗；还有露地很难栽培，产量和质量较低的七彩甜椒、高糖生食番茄、迷你番茄、小黄瓜等可用无土栽培生产。

在沙滩薄地、盐碱地、沙漠、礁石岛、南北极等不适宜进行土壤栽培的不毛之地可利用无土栽培大面积生产蔬菜，具有良好的效果。例如，新疆维吾尔自治区吐鲁番西北园艺作物无土栽培中心在戈壁滩上兴建了112栋日光温室，占地面积34.2公顷，采用沙基质槽式栽培，种植蔬菜作物，产品在国内外市场销售，取得了良好的经济和社会效益。

简易槽式基质培、简易营养液膜技术、浮板毛管水平技术和水泥砖结构深液流水培技术等蔬菜的无土栽培技术，是我国根据蔬菜生产的实际情况研制出来的适合我国蔬菜无土栽培的先进技术，目前已在我国大面积推广，最有效、最经济和最彻底的克服了温室蔬菜连作障碍对蔬菜生产的影响。目前，我国无土栽培面积不足温室和大棚面积的0.1%，而荷兰等国则占温室面积的80%以上。因此，无土栽培这一农业新技术在我国具有广阔的发展前景。

模块四 设施蔬菜茬口安排

一、东北、西北地区设施蔬菜茬口安排

（一）东北、西北地区蔬菜生产的目标市场

我国东北、西北地区夏季短暂凉爽，冬季寒冷漫长，无霜期仅有3~5个月，气候冷凉，昼夜温差大，光照充足；露地蔬菜集中在夏秋季节，喜温喜凉蔬菜同季栽培，一般一年一作；冬春季节寒冷不能进行蔬菜露地生产，形成了夏秋蔬菜生产供应旺季，冬春蔬菜生产供应淡季。东北、西北冬春季蔬菜缺口大，仅靠南菜北运不能满足人民生活的需要，发展设施蔬菜生产前景广阔，设施蔬菜生产以满足当地冬春蔬菜需求、丰富冬春蔬菜市场为发展目标。

（二）东北、西北地区蔬菜设施生产种类

东北、西北地区属于高纬度的寒冷地区，蔬菜设施生产的设施类型主要是日光温室和塑料大棚，日光温室可以生产越冬茬蔬菜，塑料大棚只能生产春提前和秋延迟蔬菜，在特别寒冷地区日光温室生产喜温类蔬菜还需要加温设施。主要发展的是秋冬茬和早春茬番茄、辣椒、茄子、西瓜、甜瓜、黄瓜等。严寒地区冬季寒冷，往往利用秋冬季生产主要耐寒叶菜，早春育苗，春夏季生产喜温果菜。

（三）东北、西北地区蔬菜设施生产茬口安排

东北、西北地区适宜发展的蔬菜设施生产茬口主要有日光温

室一年一大茬栽培，主要栽培的蔬菜种类有黄瓜、番茄、茄子、西葫芦等；塑料大棚多层覆盖春提前栽培、秋延迟栽培，日光温室秋冬茬栽培，日光温室早春茬栽培等。日光温室秋冬茬一般在7月下旬至8月上旬播种，9月初定植，10月中旬至11月上旬开始采收，翌年1月下旬拉秧；日光温室早春茬一般在12月中旬至翌年1月中旬播种，2月中旬至3月上旬定植，4月中旬至7月中下旬采收；塑料大棚春夏秋长季栽培一般在2月上旬至3月中旬播种，4月上旬至5月上旬定植，6月上旬采收，9月下旬拉秧。根据不同的设施栽培类型，生产栽培时间安排不同，具体时间见表4-1。

表4-1　东北、西北蔬菜设施栽培主要茬口安排

种　类	茬　次	播种期	定植期	采收期
番茄	日光温室冬春茬	11月下旬至12月上旬	2月上旬	4~6月
	日光温室一大茬	9月中下旬	11月中下旬	翌年2月上中旬至5月下旬
	日光温室秋冬茬	5月下旬至6月上旬	7月中旬至8月上旬	9月下旬至11月
	塑料大棚春提前	2月上旬	4月上旬	6月上旬至7月下旬
	塑料大棚秋延后	6月中旬	7月中旬	9月中旬至10月旬
辣椒	春早熟	1月下旬	4月中下旬	5月下旬
	秋延后	6月下旬	7月下旬至8月上旬	9月下旬
甘蓝	春早熟	上年12月中旬	2月中旬	5月下旬
	秋延后	7月中旬	8月上旬	10月中下旬
	一大茬	9月下旬至10月上旬	11月上旬	12月下旬至翌年6月中旬
黄瓜	早春茬	1月下旬	3月上旬	5月下旬至7月中旬
	秋延后	7月上中旬	7月下旬至8月上旬	9月上旬至10月下旬

二、黄淮渤海湾地区设施蔬菜茬口安排

(一) 黄淮渤海湾地区蔬菜设施生产目标市场

我国黄淮渤海湾地区气候冬季寒冷干燥、夏季炎热多雨，无霜期长达 200~240 天，露地蔬菜生产集中在春、秋两个季节，形成供应旺季，冬季严寒和夏季高温多雨不利于蔬菜生产形成两个淡季。冬春光热资源相对丰富，城市密集人口较多，冬春季节蔬菜缺口大，适宜发展设施蔬菜生产，除当地市场外，主要销往长江流域和北部沿边地区的冬春淡季市场。

(二) 黄淮渤海湾地区蔬菜设施生产种类

黄淮渤海湾地区是我国设施蔬菜生产区，设施类型多、设施面积大，多种设施类型混合使用。设施生产的种类也比较多，但以日光温室和塑料大棚为主。主要设施生产方式有：日光温室早春茬，一般是初冬播种育苗，翌年 1 月至 2 月上中旬定植，3 月始收，是当前黄淮渤海湾地区日光温室生产最多的方式；日光温室秋冬茬，一般是夏末秋初播种育苗，9 月中下旬定植，秋末初冬始收，翌年 1 月结束；日光温室冬春茬是越冬一大茬生产，一般是 8 月下旬播种育苗，10 月下旬定植，12 月中旬始收，翌年 6 月结束。塑料大棚春提前，一般在 3 月中旬定植，4 月中下旬始收，比露地栽培提早收获 30 天以上；塑料大棚秋延后，一般在 7 月上中旬至 8 月上旬播种，7 月下旬至 8 月下旬定植，9 月上中旬始收，到翌年 1 月结束。

(三) 黄淮渤海湾地区蔬菜设施生产茬口安排

黄淮渤海湾地区是我国设施蔬菜发展的优势区域，设施蔬菜

生产的种类多、规模大、产量高、效益好，蔬菜生产集约化程度高，产业特色鲜明。蔬菜设施生产的设施类型多，日光温室、塑料大棚、中拱棚、小拱棚、阳畦、遮阳网、防虫网等。科学合理安排好设施蔬菜茬口可以实现一年五熟如黄瓜→蒜苗→黄瓜→番茄→蒜苗；莴苣→莴苣→丝瓜→莴苣→莴苣；油菜→油菜→油菜→黄瓜→黄瓜等。主要蔬菜的设施生产茬口时间安排根据所使用设施类型和栽培茬口不同而不同（表4-2）。

表4-2 黄淮渤海湾地区设施蔬菜栽培主要茬次

种 类	茬 次	播种期	定植期	采收期
番茄	日光温室秋冬茬	7月下旬至8月中旬	9月中旬	11月上旬至翌年1月
	日光温室冬春茬	9月上旬至10月上旬	11月上旬至12月上旬	1月上旬至6月
	日光温室早春茬	12月上旬	2月上旬至3月上旬	4月中旬至7月上旬
	塑料大棚春早熟	12月中旬至1月上旬	3月上旬至4月中旬	5月中旬至7月下旬
	塑料大棚秋延后	6月上旬至7月中旬	7月上旬至8月上旬	9~11月
	小拱棚春早熟	1月上旬至2月上旬	3月下旬至4月下旬	5月中旬至8月
黄瓜	日光温室冬春茬	10月下旬至11月上旬	11月下旬至12月上旬	翌年1月中旬至6月
	日光温室秋冬茬	8月下旬至9月上旬	9月下旬	10月中旬至翌年1月下旬
	日光温室早春茬	12月中旬至翌年1月下旬	翌年2月上中旬	翌年3月上中旬至7月下旬
	塑料大棚春早熟	1月下旬至2月下旬	3月中旬	4月中旬至7月下旬

（续表）

种 类	茬 次	播种期	定植期	采收期
黄瓜	塑料大棚秋延后	7月上中旬至8月上旬	7月下旬至8月下旬	9月上旬至10月下旬
	小拱棚春早熟	12月下旬	翌年3月上旬	5月下旬至7月下旬
	日光温室冬春茬	8月中旬	9月下旬至10月上旬	12月上旬至翌年6月
辣椒	日光温室春提前	10月中旬至11月中旬	翌年2月上旬	3月下旬至7月下旬
	日光温室秋延后	7月下旬至8月上旬	9月中旬	10月下旬至12月下旬
	塑料大棚春提前	1月上中旬	3月下旬至4月上旬	5月中下旬至7月下旬
	塑料大棚秋延后	7月中下旬	8月下旬	10月上旬至12月上旬
	日光温室冬春茬	上年12月中下旬至1月中旬	1月上中旬至2月上中旬	3月上旬至6月
豇豆	日光温室秋冬茬	8月中旬至9月上旬	9月上中旬至10月上旬	10月下旬至12月下旬
	塑料大棚春提前	2月下旬至3月上旬	3月中下旬	4月下旬至5月下旬
	塑料大棚秋延迟	7月中旬至8月上旬	—	9月中旬至11月上旬

三、长江流域设施蔬菜茬口安排

（一）长江流域蔬菜设施生产目标市场

我国长江流域属于典型的亚热带季风气候，夏季炎热多雨、冬季寒冷干燥少雨，无霜期长达300天以上，露地蔬菜生产集中在春、秋、冬3个季节（喜凉、耐寒蔬菜可以露地越冬栽培），形成供应旺季，蔬菜供应淡季主要是炎热多雨的夏秋季节，在早春会形成一个小淡季。冬季设施生产面积少，主要是春提前和秋延后较多，主要满足夏秋和早春本地蔬菜供应和"三北"、珠江三角洲和港澳地区冬春淡季市场。

（二）长江流域蔬菜设施生产种类

目前，长江流域的蔬菜设施种类主要有促成栽培、半促成栽培和抑制栽培。

1. 促成栽培

主要是在冬季严寒期利用温室等设施进行长期加温或保温栽培蔬菜的方式。在长江流域采用塑料大棚多重覆盖，将 8～10 月育苗的茄果类、瓜类等果菜，在 10～12 月定植到棚室内，于翌年 1 月初至 3 月即开始上市，直到 6～7 月结束，这种栽培方式就属于促成长季节栽培。

2. 半促成栽培

半促成栽培通常是指在设施栽培条件下定植的蔬菜，生育前期（早春）短期加温，生育后期不加温而只是进行保温或改为在露地条件继续生长或采收的春季提早上市的栽培方式，故又称之为早熟栽培。长江流域常用于早熟栽培的设施主要有塑料大棚和中小棚，如番茄、辣椒、茄子等于冬季 11 月至翌年 1 月用电热线加温，于塑料大棚内育苗，2～3 月定植于日光温室或塑料棚内，采收期较常规露地育苗栽培能提早 1 个月左右。

3. 抑制栽培

抑制栽培一般指一些喜温性蔬菜如黄瓜、番茄等的延迟栽培，秋季前期在未覆盖的大棚或在露地生长，晚秋早霜到来之前扣薄膜防止霜冻，使之在保护设施内继续生长，延长采收时间，俗称塑料大棚的秋延后栽培，它比露地栽培延长供应期 1～2 个月。如利用塑料大棚进行多重覆盖栽培，可使采收期延长到元旦、春节。

（三）长江流域蔬菜设施生产茬口安排

设施蔬菜茬口的安排在蔬菜的周年生产供应中具有重要地位，适合于长江流域的蔬菜设施生产种类的茬口安排主要有以下几类（表4-3）。

表4-3　长江流域设施蔬菜栽培主要茬次
（长江流域冬季蔬菜栽培别子龙）

种　类	茬　次	播种期	采收期
番茄	越冬茬	8月中下旬	初冬至翌年夏
	早春茬	11月下旬至12月上旬	4月下旬至7月
	秋延后	7月中旬至8月上旬	10月下旬至翌年2月中旬
辣椒	春早熟	11月中旬	4月下旬至7月下旬
	秋延后	7月中旬至8月上旬	10月至翌年2月中旬
茄子	春早熟	10月上旬	5~8月
	秋延后	6月中旬至7月中旬	9月下旬至11月下旬
	越冬茬	8月中下旬	11月至翌年夏
	早春茬	1月上中旬至12月上旬	3月至6月上旬
黄瓜	秋延后	7月中旬至8月上旬	9月下旬至11月下旬

1. 早春茬

一般初冬播种育苗，翌年早春的2月中下旬至3月上旬定植，4月中下旬始收，6月下旬至7月上旬拉秧。早春茬栽培的蔬菜主要有茄果类、瓜类和部分绿叶蔬菜包括番茄、茄子、辣椒、甜椒、黄瓜、西葫芦、丝瓜、苦瓜、瓠瓜、西瓜、甜瓜、苋菜、落葵、蕹菜、小白菜等。

2. 秋延后茬

在长江流域秋延后茬口类型蔬菜生产的苗期一般在炎热多雨的7~8月，一般需采用遮阳网加防雨棚育苗。定植前期进行防雨遮阳栽培，采收期延迟到12月至翌年1月。后期通过多层覆盖

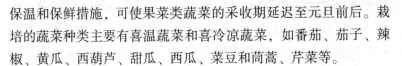

保温和保鲜措施，可使果菜类蔬菜的采收期延迟至元旦前后。栽培的蔬菜种类主要有喜温蔬菜和喜冷凉蔬菜，如番茄、茄子、辣椒、黄瓜、西葫芦、甜瓜、西瓜、菜豆和茼蒿、芹菜等。

3. 越冬茬

长江流域冬季栽培蔬菜采用塑料大棚即可满足喜凉蔬菜的需求，栽培喜温蔬菜还需在大棚内进行地膜、小拱棚等多层覆盖，来满足喜温蔬菜安全越冬的需要。栽培蔬菜种类主要有芹菜、菠菜、芥蓝和番茄、茄子、辣椒、瓜类、苋菜、落葵、蕹菜等。对于喜温类蔬菜，运用大棚多层覆盖栽培，可以比大棚提早 30～50 天，多在春节前后供应市场。一般在 9 月下旬至 10 月上旬播种育苗，12 月上旬定植，翌年 2 月下旬至 3 月上旬开始陆续上市，4～5 月结束。

四、华南地区设施蔬菜茬口安排

（一）华南地区蔬菜设施生产目标市场

我国华南地区夏季炎热天气持续时间较长，台风、暴雨较多；冬季基本没有霜期，冬季寒冷时间短，冬季也是蔬菜生产旺季，但有可能短时间内出现极端低温天气。在春季蔬菜抽薹后有一个蔬菜供应淡季，夏季高温、干旱、暴雨恶劣天气较多，淡季较长。蔬菜设施生产面积较少，以夏季防雨、遮阴、防风等设施栽培和棚室生产高档、珍稀蔬菜为主，满足本地夏季蔬菜需求和"三北"、长江流域及港澳地区冬春淡季市场。

（二）华南地区蔬菜设施生产种类

华南地区的设施生产种类主要有玻璃温室、塑料大棚、遮阴棚、小拱棚和地膜覆盖等。华南设施蔬菜生产的模式主要有：旅游观光模式，投资大，技术设备先进，蔬菜品种新奇，能吸引市民特别是城市居民来参观；生产与观光兼用模式，主要作用是生产高档蔬菜或反季节蔬菜供应市场或出口，采用投入低、效果好的技术，边试验、边示范，主要靠生产收入来维持运作，同时具备观光效果；生产模式，主要考虑生产成本和效果。玻璃温室和连栋塑料大棚室内宽敞、机械化程度高，配合遮阴网降温效果好，一般在华南地区作夏季反季节蔬菜栽培；小拱棚和简易拱棚主要用于春提前栽培的早春育苗和冬季防寒。

（三）华南地区蔬菜设施生产茬口安排

华南地区气候温暖，1 月平均气温在 12℃以上，蔬菜生长季节长，喜凉蔬菜一年可以进行多茬露地栽培，喜温蔬菜冬季需要在大棚内栽培。由于夏季气候条件炎热，且极端天气现象较多，必须采用防雨棚、遮阴棚等进行越夏栽培。越夏栽培包括绿叶蔬菜越夏栽培和瓜类蔬菜的避雨栽培两种类型（表 4 - 4）。

表 4 - 4　华南地区设施蔬菜栽培主要茬次

种　类	茬　次	播种期	采收期
番茄	越冬茬	8 月中下旬	初冬至翌年夏
	早春茬	11 月下旬至 12 月上旬	4 月下旬至 7 月
	秋延后	7 月中旬至 8 月上旬	10 月下旬至翌年 2 月中旬
辣椒	春早熟	11 月中旬	4 月下旬至 7 月下旬
	秋延后	7 月中旬至 8 月上旬	10 月至翌年 2 月中旬
茄子	春早熟	10 月上旬	5 ~ 8 月
	秋延后	6 月中旬至 7 月中旬	9 月下旬至 11 月下旬
黄瓜	越冬茬	8 月中下旬	11 月至翌年夏
	早春茬	1 月上中旬至 2 月上旬	3 月下旬至 6 月上旬
	秋延后	7 月中旬至 8 月上旬	9 月下旬至 11 月下旬

五、西南云贵高原地区设施蔬菜茬口安排

（一）西南云贵高原地区蔬菜设施生产目标市场

我国西南云贵高原地区主要包括云南、贵州两省，气候温暖湿润，属亚热带温湿季风气候区，有冬无严寒、夏无酷暑，降水丰富、雨热同季等特点。大部分地区年平均气温在15℃左右。西南云贵高原地区是我国夏秋蔬菜功能区的核心区域，具有周年露天生产的气候优势和生态安全的品质优势。喜凉蔬菜基本可以实现全年生产，但是，喜温蔬菜在冬季寒冷季节需要设施生产，重点发展"秋延晚"果菜和"春提早"果菜类，实现蔬菜的周年供应。

（二）西南云贵高原地区蔬菜设施生产种类

西南云贵高原的气候区域差异和垂直差异较大，最冷月气温1~10℃，除冬季的1~2月喜温果菜上市难度较大，其余季节的光热条件均能满足喜温果菜设施生产的需求。对喜温果菜和部分耐热类蔬菜春提前栽培的优势明显，同时对喜凉蔬菜和半耐寒蔬菜的秋延后栽培范围广、持续时间长。设施生产的蔬菜种类主要有番茄、辣椒、豇豆、西葫芦、茄子等。

（三）西南云贵高原地区蔬菜设施生产茬口安排

我国西南地区在种植夏秋反季节蔬菜基础上，运用塑料大棚、中拱棚、小拱棚、阳畦等蔬菜生产设施，增加蔬菜不同种类和品种，提高复种指数，合理安排好蔬菜生产茬口，可以达到一年三熟（春提前果菜—夏秋反季节蔬菜—速生蔬菜）、一年四熟（春提前果菜—夏秋反季节蔬菜—速生蔬菜—速生蔬菜），可以实

现蔬菜的周年生产。主要设施蔬菜生产种类的茬口安排见表
4-5。

表4-5 西南地区设施蔬菜栽培主要茬次

种 类	茬 次	定植期	采收期
番茄	早春茬	3月下旬至4月中旬	6月中旬至8月中旬
	秋延后	6月中旬	8月下旬至10月中旬
辣椒	春早熟	4月上旬至4月下旬	6月中旬至8月上旬
	秋延后	8月下旬	10月下旬至12月下旬
茄子	春早熟	4月上旬至4月下旬	6月中旬至7月下旬
	夏秋反季节	6月上旬至6月中旬	8月中旬至10月中旬
黄瓜	早春茬	2月中下旬	4月中旬至6月下旬
	秋延后	7月中旬至8月上旬	9月下旬至11月上旬

模块五 设施蔬菜生产准备

设施蔬菜栽培是随着农业工程技术的突破迅速发展起来的一种集约化程度高、环境设施和技术以及相应操作管理方法配套的综合农业生产体系。我国的设施蔬菜生产正在迅猛的发展，对全国人民生活水平的提高和推进农业经济的发展具有重要意义。随着我国农业生产经营方式的转型，设施蔬菜生产必将成为现代农业的龙头产业而率先发展。但是，在设施蔬菜生产的技术体系中，设施蔬菜生产的准备工作是设施蔬菜生产获得成功，取得较好经济效益的前提。在当前设施蔬菜生产中，往往很多设施蔬菜生产经营者忽视生产前的准备工作，而造成当季设施蔬菜生产的失败。

一、生产设施检修

蔬菜生产设施的检修主要是针对塑料大棚和日光温室基础设施及附属设备的检查和维修，确保设施基础牢固、棚架坚固、配套设备运转正常。

（一）基础设施的检修

温室大棚建设属于相对比较固定，建设资金比较大的项目，但在长期的使用过程中不可避免的会出现这样那样的问题，如竹竿折断、墙体坍塌等，因此温室大棚的墙体维护、整修就至关重要。基础设施的检修主要包括日光温室的墙体、后坡、中柱、骨架、棚膜等，塑料大棚主要检查拱杆、立柱、拉杆、棚膜、压杆等。

（二）检修内容

1. 墙体和后坡

墙体和后坡是日光温室的主要部分，起着支撑作用和保温防寒的功能。检查的主要内容是墙体和后坡是否坚固、密闭。尤其是土墙，在经过风吹雨淋后是否出现裂缝、松软等；土砖混合墙主要看土和砖头的紧实度。

2. 拱杆、中柱、立柱、拉杆

拱杆、中柱、立柱、拉杆是温室前坡和塑料大棚的主要部位，主要起支撑作用和稳固作用，检修时主要看拱杆、中柱、立柱、拉杆本身是否坚固，有无受损情况，另外还要看连接部位是否松动，拱杆、中柱、立柱、的基础是否牢固。

3. 棚膜

棚膜是日光温室和塑料大棚的透明覆盖物，具有透光和保温的功能。检查的主要内容主要有棚膜是否老化和是否有机械损伤。

4. 排水沟

设施四周的排水沟是夏季降水的主要排出通道，为防止夏季大雨积水浸泡温室墙体，引起墙面剥落和墙体坍塌，必须保证排水沟通畅。

（三）检修方法

对蔬菜生产设施基础的检修是一项细心的工作，必须在使用前派专人细致检查，并及时维修和更换。墙体有裂缝的土墙要及时用泥土填充裂缝，并用旧薄膜在墙外覆盖或在墙外侧做护坡；砖墙可以直接用混凝土砂浆填充，并用水泥砂浆坭平；后坡如有凹陷和坍塌，要及时更换骨架，重新铺设。对于立柱、中柱、拱杆、连杆等受损的要及时修复，如竹竿有裂纹可以用绳子绑缚，钢管稍有腐蚀可以加焊，确实没有支撑能力的要及时更换；连接松动的地方要及时紧固。棚膜老化的要及时更换，如有焊接处开焊的，要及时焊接，如有小的破洞要及时用透明胶布修补。

二、环境调控设备的检修

设施内的环境条件是设施内蔬菜生产获得高产的基础，只有设施内的环境调控设备运转正常，给蔬菜生长提供适宜的生长发育环境条件，才能根据市场需求及时调整蔬菜产品上市期，产生较好的经济效益。

（一）检修内容

1. 降温系统设备检修的主要内容

通风装置，主要有天窗、侧窗、肩窗、谷间窗等通风口开启状况，强制通风电机、风扇、水帘运转状况，遮阳网的完好程度和手动自动开启系统运转状况。

2. 保温升温系统设备检修的主要内容

草苫、纸被、棉被、保温被、无纺布、聚乙烯薄膜、真空镀铝薄膜的完好度及保温效果检查，保温幕手动自动开启系统运转状况。热水采暖系统的热水锅炉、供热管道和散热设备完好度与运转状况，热风加温系统的燃油炉、燃气炉、燃煤炉装置或电加温器等运转状况以及电热线的完好度及控温仪的运转状况。

3. 光照调控系统设备检修的主要内容

反光面的反光效果和补光设备的运转状况。

4. 灌溉系统设备检修的主要内容

滴灌、喷灌系统的贮水池（槽）完好度、过滤器清洗、水泵检修、输入管道和滴头是否堵塞。

5. 防虫网检修的主要内容

防虫网的完好度与网孔是否符合要求。

（二）检修方法

要对降温系统、采光补光系统、加热系统、灌溉系统进行试运行，通过试运行发现系统部件的问题，及时维修。如加温系统的加温炉除了试运行外还要根据使用年限和保养要求及时进行保养。并细致检查保温设备的情况，如通风窗的密封效应、草苫保温被的保温性能；灌溉系统的管道是否渗漏水、滴管和喷头是否堵塞都要有专人负责细致检查。

三、设施与土壤消毒

设施蔬菜复种指数高，经常处于高温高湿的环境状态，造成土壤连作障碍严重，土传病虫害易发，严重影响下茬蔬菜的生长，制约设施蔬菜的生产和发展。对设施内的土壤和空间进行使用前消毒，是控制土传病虫害的有效措施。如果树立营养钵土、苗床土壤和栽培土壤消毒并重的思想，严防携带病菌、虫卵土壤进入设施内，同时又对设施内栽培土壤进行彻底消毒，能显著降低设施蔬菜栽培的病虫害发生率。

（一）物理消毒法

1. 蒸汽消毒法

蒸汽热消毒一般使用专门的设备，如低温蒸汽热消毒机。消毒作业时，将带孔的管子埋在地中，利用低温蒸汽土壤消毒机的蒸汽锅炉加热，通过导管把蒸汽热能送到土壤中，使土壤温度升高。土壤温度在70℃时，保持30分钟；土壤温度在95℃以上时，保持5~7分钟，即可基本杀灭土中病菌和线虫。

2. 热水土壤消毒法

这是利用锅炉，把75～100℃的热水直接浇灌在土壤上，使土温升高进行消毒的方法。这种消毒与蒸汽消毒均不受季节影响，可随时进行。消毒前，深翻土壤，耙磨平整，在地面上铺设滴灌管，并用地膜封严，之后通入75～100℃热水，给水量因土质、外界温度、栽培作物种类不同而不同，一般消毒范围在地下0～20厘米时，每平方米灌100升水；消毒范围在地下0～30厘米时，每平方米灌200升水。为了提高消毒效果，灌水前土壤要疏松，必须增施农家肥和深耕。

3. 太阳能消毒法

一般是在设施作物采收后，连根拔除老的植株，深翻土壤，在7月、8月、9月的高温晴好天气，通过覆盖透明的吸热性好的薄膜，使温度大棚密闭升温，15～20天后，地表温度可以达到80℃，地温可达50～60℃，气温也可高达50℃以上。在一年中最热的时间里，太阳热处理6～8周对大多数土壤病虫均有防治效果。

（二）化学消毒法

1. 硫黄设施内消毒法

在定植或育苗前，每亩用硫黄3千克加6千克碎木屑，分10堆点燃，密闭棚室熏蒸一夜，然后打开棚膜放风3～5天。但蔬菜生长期应慎用，以防药害。能杀死多种病菌和害虫。

2. 福尔马林消毒法

播种前2～3周，将床土耙松，按每亩用400毫升药剂加水20～40千克（视土壤湿度而定）或其150倍液浇于床土，用薄膜覆盖4～5天，然后耙松床土，两星期后待药液充分挥发后播种。在定植或育苗前对棚室进行消毒，300毫升福尔马林对等量水，加热可熏蒸37～40立方米容积的棚室，熏蒸6小时，然后通风换气两星期。福尔马林消毒法对防治立枯病、褐斑病、炭疽病效果较好。

3. 石灰氮消毒法

选择夏季高温的棚室休闲期使用，每亩用麦草（或稻草）1 000~2 000千克，撒于地面；再在麦草上撒施石灰氮50~100千克；深翻地20~30厘米，尽量将麦草翻压在地下层；做高30厘米、宽60~70厘米的畦；地面用薄膜密封，四周盖严；畦间灌水，且要浇足浇透；棚室用新棚膜完全密封；在夏日高温强光下闷棚20~30天。石灰氮在土壤中分解产生单氰胺和双氰胺，这两种物质对线虫和土传病害有很强的杀灭作用。同时石灰氮中的氧化钙遇水放热，促使麦草腐烂，有很好的肥效。夏季高温，棚膜保温，地热升温，白天地表温度可高达65~70℃，10厘米地温高达50℃以上，可有效防治设施菜田的根结线虫病、黄瓜、番茄的裂蔓病、幼苗立枯病、疫病和青枯病，十字花科蔬菜的菌核病、根肿病和黄萎病，茄子的青枯病和立枯病等，并能有效抑制单子叶杂草的产生，减少田间杂草的危害。

4. 波尔多液消毒法

每1平方米土壤用波尔多液（硫酸铜、石灰、水的比例为1∶1∶100）2.5千克，加赛力散10克喷洒土壤，待土壤稍干即可。此法对防治黑斑病、灰霉病、锈病、褐斑病、炭疽病等效果较明显。

5. 代森铵消毒法

代森铵是有机硫杀菌剂，杀菌力强，能渗入植物体内。每平方米用50%代森铵水剂350倍液3千克。可有效防治黑斑病、霜霉病、白粉病、立枯病等。

6. 氯化苦消毒法

氯化苦具有杀菌、杀线虫和灭鼠等多种功效。毒杀作用缓慢，毒杀效果和温度成正比，温度高效果好。使用时先把土壤堆成高 30 厘米的长条形土堆，用专用注药枪灌上氯化苦药液每 30 平方厘米注入 3~5 毫升药液，深度 10 厘米为宜。用塑料薄膜覆盖 7~10 天，揭开薄膜后 10~30 天方可使用。

7. 多菌灵消毒法

营养钵土每立方米采用 50% 多菌灵 80 克拌匀，堆闷 24 小时；苗床土消毒：每亩用 50% 多菌灵 2 千克对 100 千克细干土闷 24 小时，撒入苗床，排钵前在床面上撒上一层毒饵（每亩苗床用 50% 辛硫磷 50 克对水 150 克，加 1.5 千克炒麸皮拌匀）；栽培地每亩用 50% 多菌灵 1 千克，70% 甲基托布津 1 千克，加 80% 敌敌畏 250 克对细干土 100 千克闷 24 小时，然后均匀撒入畦面。

四、周边环境清理

设施周边环境的清理工作是温室大棚正常运转和对设施内蔬菜进行科学合理的栽培管理的基础。

（一）周边环境清理的意义

对设施周边环境进行清理，首先是消灭病虫害的寄主和中转寄主，减少病源、虫源，降低设施内病虫害的发生率；其次是消除交通障碍，便捷运输生产物质和室外操作的需要；第三是疏通排水渠道，确保涝能排的需要，防止水淹设施内的作物，引发病虫害和造成作物死亡；最后通过清理周边环境还能使周边环境变得整洁，不利于害鼠的栖息，防治害鼠的危害。

（二）周边环境清理的方法

首先对温室大棚周边的杂草、病虫株的残体以及中转寄主，尤其是对设施内的生产垃圾，要及时进行彻底清理，拉到远离温室大棚的地方深埋或销毁；其次是对温室大棚周边、出入要道等影响交通运输和室外操作的物体和杂物要及时清理；对设施周边的土地要进行平整，对排水沟内的杂草、垃圾等杂物要及时清理，确保排水顺畅。

五、施用基肥

设施蔬菜生产一般蔬菜生长快，复种指数高，产出量高，设施内生产的蔬菜对土壤肥力水平要求高。而增施有机肥是培肥地力、改良土壤的有效途径。

（一）基肥施用的意义

基肥是在播种、扦插、定植前施入土壤的肥料，目的在于保证长期不断地向蔬菜生长发育提供养分，提高蔬菜生产的产量。在设施蔬菜栽培过程中科学合理的施用基肥对于消除温室土壤连作障碍、防止土壤盐渍化等改良温室土壤具有重要意义。

1. 培肥地力，供应蔬菜生长发育所需的养分

在施用基肥时一般以有机肥料为主，包括人、畜禽粪，杂草堆肥，秸秆沤肥等。这些肥料肥效长，有机质含量高，还含有氮、磷、钾和各种微量元素。基肥与速效肥料配合能有效提高速效化肥的利用率，在堆沤有机肥时，最好先与磷肥堆沤，施用前再掺和氮素化肥，这样氮磷进行混合施用，可以减少磷素的固定。

2. 减少设施土壤连作障碍

科学合理的施用基肥，能减少设施土壤连作的障碍。增施有机肥，可改善土壤结构，增强保肥、保水、供肥、透气、调温功能，增加土壤有机质、氮、磷、钾及微量元素含量，提高土壤肥力效能和土壤蓄肥性能，减少化肥流失，增强土壤对酸碱的缓冲能力，提高难溶性磷酸盐和微量元素的有效性，还可消除农药残

毒和重金属污染，促进光合作用，提高蔬菜品质。在增施有机肥的基础上，合理施用氮磷钾肥料，提倡测土配方施肥，根据各种蔬菜作物需肥规律及土壤供肥能力，确定肥料种类及数量，尽量减少土壤障碍。

3. 增施有机肥，缓解土壤盐渍化

温室土壤盐渍化的主要原因之一就是过量施用化肥和没有完全腐熟的有机肥。在温室土壤施肥中要尽量增大有机肥的比例，降低化肥施用的比例。同时在施用有机肥料时一定要充分腐熟，不要连续施用鸡粪、鸽粪等禽粪，可以用一些稻壳、麦秸、木屑等含碳量高的农副产品，施入土壤，吸收、化解和减少土壤中的盐分。

4. 增施有机肥能产生二氧化碳气体肥料，提高设施蔬菜的产量

有机肥必须经过微生物的分解才能够被植物吸收利用，尤其木质素、纤维素、果胶质等最难被微生物分解的成分。而分解的过程分两个阶段：第一阶段是在微生物分泌的纤维素酶的作用下水解，生成纤维糊精、纤维二糖，在纤维二糖酶的作用下生成葡萄糖；第二阶段是水解产物的发酵过程。第二阶段如果通气性好，则好气微生物分解为主，好气纤维分解菌能将纤维素完全分解，在这个过程中，各种微生物的呼吸代谢就会产生大量的二氧化碳，从而增加了二氧化碳的浓度。而设施内在揭苫后不久，二氧化碳浓度就急剧下降，1～2个小时后就进入二氧化碳饥饿状态，有机物分解释放的二氧化碳就及时部分满足了蔬菜生长发育的需要，从而提高设施蔬菜的产量。

（二）基肥施用的种类

当前生产上常用的基肥有有机肥和化肥两大类，有机肥主要有秸秆有机肥、膨化鸡粪和饼肥；化肥主要有氮磷钾复合肥、二

铵、硝酸钾、钙镁磷肥、过磷酸钙、硝酸钙等。

1. 秸秆有机肥

利用玉米、小麦、水稻等作物的秸秆，切碎后加水湿润，使秸秆含水量达到60%~70%，堆成宽3~4米，高1.5~2米的长方体，在堆料时先堆50厘米高，撒一层速腐剂和尿素，然后每40厘米撒一层，1吨秸秆使用速腐剂1千克和尿素5千克，然后用泥将堆料密封起来，2~3天后堆内温度会迅速升高到60~70℃，然后降至50℃，持续20天左右，大约经过25天后，秸秆基本腐烂成高效有机肥。

2. 膨化鸡粪

把鸡粪经高温膨化、微生物发酵、消毒灭虫、灭菌后而制成的有机肥，又称发酵鸡粪，已经发酵腐熟，质轻，无异味，属于全元素肥料，一般做基肥。

3. 饼肥

饼肥，主要是大豆、花生、油菜籽、蓖麻籽、棉籽等种子榨油后剩下的渣粕，含有丰富的蛋白质、有机质及氮磷钾等营养成分，有利于提高土壤有益微生物数量，改善土壤环境，是一种优质的有机肥。饼肥施用以后，不仅能提高产量，还能大大改善作物的品质。饼肥在施用时一定要充分腐熟，与其他肥料配合使用以满足蔬菜生长发育的需要。

（三）基肥施用的原则

科学合理的施用基肥，要遵循以有机肥为主，化肥为辅；以基肥为主，追肥为辅；长效肥为主，速效肥为辅；多种有机肥轮换施用的原则。同时还要注意有机肥必须腐熟、化肥不能和种子接触的原则。

（四）基肥施用量及操作技术

1. 基肥的施用量

基肥的施用量应根据植物的需肥特点与土壤的供肥特征而定，遵循平衡施肥的原则，一般基肥使用基肥量应占该植物总施肥量的50%左右为宜。质地偏黏的土壤应适当多施，相反，质地偏沙的土壤适当少施。

2. 基肥施用方法

基肥以深施为好，其施用方法有表面撒施、耕翻混匀、集中沟施和穴施等。表面撒施、耕翻混匀的施肥模式：当基肥用量较大时，可采用表面撒施、耕翻混匀的施肥方法。设施内的基肥施肥方式又可分为压肥和铺肥2种具体的施肥方法。压肥适于起垄栽培的经济作物，将肥料均匀地撒施于要起垄的栽培的区域内，然后将两边的土壤翻于其上，形成栽培时的土垄；铺肥是将大量的优质厩肥铺撒在待种植蔬菜作物的土壤表面上，之后进行深耕，耕后耙匀，使土肥充分混合，这样就形成了全耕层肥料均匀分布的特点，便于满足经济作物根系吸收养分不断生长。

六、土壤耕作

土壤耕作是通过使用农机具对土壤深挖晒垡，调整土壤耕作层和土壤表面状况，以调节土壤水、肥、气、热的关系，为作物播种、出苗、生长发育提供适宜土壤环境的农业技术措施。

（一）设施蔬菜生产对土壤要求

设施蔬菜生产要求土层1米以上，耕深25厘米以上，为蔬菜根系生长提供充足的空间；土壤质地为壤土或沙壤土，呈中性或微酸性；土壤结构良好，对水肥气热有良好的调节能力，松紧度适宜，保水保肥能力强；非盐碱地，无盐渍化现象；重金属含量低；不含病菌虫卵和农药残留。

（二）设施土壤耕作的内容和作用

耕作的主要内容包括：耕翻、耙、镇压、混匀、作畦等。耕作的主要作用是改变土壤耕作层物理特性，培肥地力；促进有益微生物活动。

（三）设施土壤耕作方法

1. 人工翻地

人工用铁锹对设施内土壤进行深翻，深度可以达到 15～22 厘米。优点是翻土深且匀，缺点是费工费时，效率较低。

2. 小型旋耕机耕地

用小型旋耕机进入设施内对土壤进行旋耕，深度可以达到 10～15 厘米。优点是机械操作，效率较高；缺点是耕地深度不够，容易造成设施内土壤耕层逐渐变浅，蔬菜根系生长空间小。

3. 人工与旋耕相结合

先用小型旋耕机把作物秸秆和基肥进行旋耕混匀，再人工深翻达到 30 厘米左右，既提高了耕作的效率，又提高了耕作的质量。

模块六　设施育苗模式与技术

一、育苗模式

（一）营养土育苗

1. 营养土的配制

（1）营养土总的要求。一般要求有机质含量15%～20%，全氮含量0.5%～1%，速效性氮含量大于60～100毫克/千克，速效磷含量大于100～150毫克/千克，速效钾含量大于100毫克/千克，pH值6～6.5。疏松肥沃，有较强的保水性、透水性，通气性好，无病菌虫卵及杂草种子。

（2）营养土材料。营养土可因地制宜，就地取材进行配制，基本材料是菜园土、腐熟有机肥、灰粪等。

菜园土：是配制培养土的主要成分，一般应占30%～50%。但园土可传染病害，如猝倒病、立枯病，茄科的早疫病、绵疫病，瓜类的枯萎病、炭疽病等。故选用园土时一般不要使用同科蔬菜地的土壤，以种过豆类、葱蒜类蔬菜的土壤为好。选用其他园土时，一定要铲除表土，掘取心土。园土最好在8月高温时掘取，经充分烤晒后，打碎、过筛，筛好的园土应贮藏于室内或用薄膜覆盖，保持干燥状态备用。无公害育苗要求不能用菜园土调制，而用大田土。

有机肥料：根据各地不同情况因材而用，可以是猪粪渣、垃圾、河泥、厩肥、草木灰、人粪尿等，其含量应占培养土的20%～30%。所有有机肥必须经过充分腐熟后才可用。

炭化谷壳或草木灰：其含量可占培养土的 20% ~30%。谷壳炭化应适度，一般应使谷壳完全烧透，但以基本保持原形为准。

人畜粪尿：一般浇泼在园土中，让土壤吸收。也可在园土、垃圾、栏粪等堆积时，将人畜粪尿浇泼在其中，一起堆置发酵。

营养土中还要加入占营养土总重 2% ~3% 的过磷酸钙，增加钙和磷的含量。

（3）营养土配方。据用途不同，营养土分为播种床土和移苗床土。

播种床土：菜园土：有机肥：砻糠灰 =5：(1~2)：(3~4)；菜园土：河塘泥：有机肥：砻糠灰 =4：2：3：1；菜园土：煤渣：有机肥 =1：1：1。

移苗床（营养钵）土：菜园土：有机肥：砻糠灰 =5：(2~3)：(2~3)；菜园土：垃圾：砻糠灰 =6：3：1（加进口复合肥、过磷酸钙各 0.5%）；菜园土：猪牛粪：砻糠灰 =4：5：1；菜园土：牛马粪：稻壳 =1：1：1（黄瓜、辣椒）。

腐熟草炭：菜园土 =1：1（结球甘蓝）；腐熟有机堆肥：菜园土 =4：1（甘蓝、茄果类）；菜园土：沙子：腐熟树皮堆肥 =5：3：2。

果菜类蔬菜育苗营养土配制时，最好再加入 0.5% 过磷酸钙浸出液。

以上原料选择，应力求就地取材，成本低，效果好。

（4）配制方法。配制时将所有材料充分搅拌均匀，并用药剂消毒营养土。在播种前 15 天左右，翻开营养土堆，过筛后调节土壤 pH 值至 6.5~7.0，若过酸，可用石灰调节；若过碱，可用稀盐酸中和。土质过于疏松的，可增加牛粪或黏土；土质过于黏重或有机质含量极低（不足 0.15%）时，应掺入有机堆肥、锯末等，然后铺于苗床或装于营养钵中。

2. 营养土消毒

土壤是传播苗期病害的主要途径，没有理想的床土则在苗床土壤中施入一些杀菌剂，能防治蔬菜的苗期病害。现介绍几种苗床营养土消毒方法。

完全消毒法：把所有的营养土全部消毒。把甲醛、溴甲烷、氯化苦等药剂加入到土壤里密闭熏蒸，杀菌彻底，除杀死土壤里的病菌外，还能杀死土壤里的线虫、草籽等，但同时也杀灭了土壤里的有益微生物。因此，在营养土病虫害特别严重时才采用该方法。

铺盖药土法：在蔬菜播种前将覆土和金雷多米尔混合均匀，用量为每平方米营养土加金雷多米尔 5 ～ 7 克。然后将 1/3 的药土铺到苗床上，剩余的 2/3 药土均匀覆盖到种子上。对蔬菜幼苗期常见的立枯病、猝倒病等有较好的防治效果。

福尔马林消毒法：每 1 000 千克营养土，用 40% 的福尔马林 250 克，对水 60 千克喷洒搅拌均匀后堆放，用塑料薄膜覆盖 24 小时，揭开薄膜 10 ～ 15 天即可播种。此法适用于小粒蔬菜种子的播种。

多菌灵消毒法：每平方米苗床用 50% 的多菌灵 8 ～ 10 克与适量细土混匀。

取其中的 2/3 撒于床面做垫土，另外 1/3 于播种后混入覆土中。此法能够迅速杀灭土壤中的病原菌，促进蔬菜种子发芽。

敌克松消毒法：用 70% 的敌克松药粉 0.5 千克拌细土 20 千克，混匀后撒在营养土表面，播种后按种子直径的大小覆土。此法防治苗期猝倒病效果显著。

瑞毒霉消毒法：用 25% 的瑞毒霉 50 克对水 50 千克，混匀后喷洒营养土 1 000 千克，边喷洒边搅拌均匀，堆积 1 小时后摊在苗床上即可播种。此法适用于大粒蔬菜种子的播种育苗。

3. 苗床播种

应选择晴天上午播种，播种量的确定及播种方法参见育苗技术。

（二）穴盘育苗

穴盘育苗是以不同规格的专用穴盘作为容器，以草炭、蛭石等材料作基质，通过精量播种，一次成苗的育苗方法。这种育苗方式克服了传统土床育苗和营养钵育苗成苗率较低、苗害难控制、工本投入高、床地占用面积大等弊端，具有节省用工、减轻劳动强度、缓苗期短、苗壮促早发等效果。

1. 盘穴育苗设备

（1）精量播种系统。该系统承担基质的前处理、基质的混拌、装盘、压穴、精量播种，以及播种后的覆盖、喷水等项作业。精量播种机是这个系统的核心部分，根据播种器的作业原理不同，精量播种机有真空吸附式和机械转动式两种类型。真空吸附式播种机对种子形状和粒径大小没有严格要求，播种之前无需对种子进行丸粒化加工。而机械转动式播种机对种子粒径大小和形状要求比较严格，除十字花科蔬菜的一些种类外，播种之前必须把种子加工成近于圆球形。

（2）穴盘。专用育苗穴盘是一种育苗专用容器，一般长 54 厘米，宽 28 厘米。根据穴孔数量和孔径大小不同，分为 50 孔、72 孔、128 孔、200 孔、288 孔、392 孔、512 孔等几种规格。我国使用的穴盘以 72 孔、128 孔和 288 孔者居多，每盘容积分别为 4 630 毫升、3 645 毫升、2 765 毫升。番茄、茄子、早熟甘蓝育苗多选用 72 孔穴盘；辣椒及中晚熟甘蓝大多选用 128 孔穴盘；春季育小苗则选用 288 孔穴盘，夏播番茄、芹菜选用 288 孔或 200 孔穴盘，其他蔬菜如夏播茄子、秋菜花等均选用 128 孔穴盘。

（3）育苗基质。育苗基质宜使用草炭、蛭石或珍珠岩等轻型基质，这类基质的比重小，保水透气性好。采用轻型基质育苗，基质配制比例一般是草炭：蛭石为 2：1，或草炭：蛭石：珍珠岩为 3：1：1，覆盖材料用蛭石。基质必须进行消毒杀灭线虫、病菌，以培育无病壮苗。在配制基质时要加入适量的大量元素（表 6 – 1），以满足蔬菜苗期的需求。

表 6 – 1 穴盘育苗化肥推荐用量（千克/立方米）

蔬菜种类	氮磷钾复合肥（15：15：15）	或者尿素 + 磷酸二氢钾	
冬春茄子	3.0 ~ 3.4	1.0 ~ 1.5	1.0 ~ 1.5
冬春辣（甜）椒	2.2 ~ 2.7	0.8 ~ 1.3	1.0 ~ 1.5
冬春番茄	2.0 ~ 2.5	0.5 ~ 1.2	0.5 ~ 1.2
春黄瓜	1.9 ~ 2.4	0.5 ~ 1.0	0.5 ~ 1.0
莴苣	0.7 ~ 1.2	0.2 ~ 0.5	0.3 ~ 0.7
甘蓝	2.6 ~ 3.1	1.0 ~ 1.5	0.4 ~ 0.8
西瓜	0.5 ~ 1.0	0.3	0.5
花椰菜	2.6 ~ 3.1	1.0 ~ 1.5	0.4 ~ 0.8
芥蓝	0.7 ~ 1.2	0.2 ~ 0.5	0.3 ~ 0.7

（引自司亚平《蔬菜穴盘育苗技术》，中国农业出版社，1999）

（4）育苗温室与苗床。要求育苗温室冬季室内最低气温不应低于 12℃，如出现低温天气需采取临时加温措施，所以，需配备加温设备。育苗温室务必选用无滴膜，防止水滴落入苗盘中。夏季育苗注意防雨、通风及配备遮阳设备。

除夏季苗床要求遮阳挡雨外，冬春季育苗都要在避风向阳的大棚内进行。大棚内苗床面要整平，地面覆盖一层旧薄膜或地膜，隔绝土传病毒，再在地膜上摆放穴盘。为确保床温，可以架床使用电热线加温育苗。

（5）肥水供给系统。采用微喷设备，自动喷水喷肥。没有微喷设备，可以利用自来水管或水泵，接上软管和喷头，进行水分的供给，需要喷肥时，在水管上安放加肥装置，利用虹吸作用，进行养分的补给。

（6）催芽室。穴盘育苗则是将裸籽或丸粒化种子直接通过精量播种机播进穴盘里。冬春季为了保证种子能够迅速整齐的萌发，通常把播完种的穴盘首先送进催芽室，待种子60%拱土时挪出。催芽室应具备足够大的空间和良好的保温性能，内设育苗盘架和水源，催芽室距离育苗温室不应太远，以便在严寒冬季能够迅速转移已萌发的苗盘。

2. 盘穴育苗优点

自动化播种，集中育苗，节省人力物力，与常规育苗相比，成本可降低30%～50%；穴盘苗重量轻，基质保水能力强，根坨不易散，适宜远距离运输；幼苗的抗逆性增强，定植时不伤根；可以机械化移栽。

3. 盘穴育苗技术要点

（1）穴盘选择。育2叶1心苗用288孔穴盘，4～5叶苗用128孔穴盘，5～6叶苗用72孔穴盘。

（2）穴盘使用前消毒。穴盘可连续多年使用，所以在每次使用前先清除穴盘中的残留基质，用清水冲洗干净，晾干；然后再进行消毒，避免传染各种病虫害。

（3）基质装盘及播种。先将基质拌匀，调节基质含水量至55%～60%。手工播种应首先把育苗基质装在穴盘内，刮除多余的基质；把穴盘叠起来相互压干。然后每穴打一播种孔，一般以催芽播种，也可干籽直播。播种后覆盖一层蛭石，然后搭小拱棚保温保湿催芽。出苗后及时揭除覆盖物，透风透光。

（4）水分管理。水分管理是育苗成败的关键，整个育苗期间宜保持育苗穴盘不湿不干，同时要注意及时给幼苗补充营养。

（三）嫁接育苗

利用嫁接技术培育的蔬菜幼苗叫嫁接苗。嫁接苗可有效地防

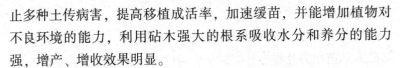

止多种土传病害，提高移植成活率，加速缓苗，并能增加植物对不良环境的能力，利用砧木强大的根系吸收水分和养分的能力强，增产、增收效果明显。

1. 砧木与接穗选择

优良的嫁接砧木应具备以下特点：嫁接亲和力强，共生亲和力强，表现为嫁接后易成活，成活后长势强；对接穗的主防病害表现为高抗或免疫；嫁接后抗逆性增强；对接穗果实的品质无不良影响或不良影响小。前常用蔬菜嫁接砧木多为野生种、半野生种或杂交种，它们具有生长势强、耐低温弱光等优良特性，因此，栽培蔬菜可以利用其根系，能在低温条件下正常生长，达到提早上市、提高产量和增加效益的目的。如黄瓜多以黑籽南瓜为砧木，西瓜多以葫芦和瓠瓜为砧木，甜瓜多以杂种南瓜为砧木，番茄、茄子均以其野生品种为砧木。

在嫁接育苗中，选用的砧木品种必须与接穗有很强的亲和力，嫁接成活率高，而且具有发达的根系，抗病性及耐低温抗逆性强，同时对接穗的品质没有影响。为使砧木和接穗的最适嫁接期协调一致，应从播种期上进行调整。一般说，插接法需要的接穗最小，砧木需早播；其次是劈接法；再次是靠接法，需要较大的接穗，砧木可略晚播或与接穗同时播。如黄瓜采用靠接法先播种黄瓜（接穗）3~5天，然后再播种南瓜（砧木），选用生长高度接近的砧木和接穗幼苗进行嫁接。南瓜播种后10~12天，此时其幼苗的第一片真叶已半展开即"一心一叶期"为嫁接适期；黄瓜幼苗的第一片真叶刚出现。

2. 嫁接方法

（1）劈接法。将接穗子叶以下的1厘米长的胚轴削成楔形，将砧木的真叶和生长点去掉后，用刀片从子叶间切开长约1厘米的切口，而后立即将接穗嵌入切口，并用地膜窄条或用牙膏筒剪成的窄条，将切口包扎好，也可用嫁接夹将其固定，立即放入覆盖有薄膜和苇帘的小棚中。

（2）靠接法。又称为"舌接""舌靠接"或者"靠插接"。将砧木幼苗用刀片将心叶去掉，然后用刀片在生长点下方0.5~1厘米处的胚茎上自上而下斜切一刀，切口角度为30°~40°，切口长度为0.5~0.7厘米，深度约为胚茎粗的一半。接穗黄瓜苗在距生长点1~1.5厘米处向上斜切一刀。深度为其胚茎粗的3/5~2/3。然后将削好的接穗切口嵌插入砧木胚茎的切口内，使两者切口吻合在一起，用夹子固定好嫁接处或用塑料条缠好后再用曲别针固定好，使嫁接口紧密结合，然后将它们立即栽于育苗钵中，栽植时砧木的根在中央，接穗根与它距2~3厘米。摆好位置后填土埋根，浇水后放入育苗棚中。一般靠接10~15天后伤口即可愈合，此时接穗的第一片真叶已舒展开，在接口下1厘米左右处用刀片或剪刀将接穗的胚茎剪断，即为靠接苗的"断根"。在断根的前一天，最好用手把接穗胚茎的下部捏一下，破坏其维管束部分，这样作的益处是断根后基本不用缓苗。可在断根的同时随手除去嫁接夹、塑料条及曲别针等固定物。

（3）插接法。黄瓜嫁接适期是在黄瓜播种后7~8天，此时，砧木第1片真叶有手指大，黄瓜两片子叶刚刚展开。将砧木的真叶和生长点用竹签去掉，然后用竹签的细尖从一侧子叶的茎部向对侧子叶中脉基部的胚轴（茎）斜下方扎入，深约0.5厘米，插入的竹签暂不抽出。此后将接穗幼苗在距子叶基部0.8~1.0厘米切成两段，刀口长0.6~0.8厘米，然后切削好接穗，立即拔出竹签，将接穗插入孔，并使接穗的两片子叶同砧木的两片子叶成十字形。然后将此嫁接苗放入育苗棚中。

3. 嫁接后的管理

嫁接好的幼苗摆入事先支好的小拱棚内，随即浇水，白天温度保持在25℃左右，夜间15℃左右、湿度在90%以上，同时避光遮阳，防止接穗萎蔫。以后逐渐增加光量及照光时间，逐步加强锻炼，适当通风透光，1周后不再遮光。及时除去砧木上长出的不定芽和从接穗切口处长出的不定根。在育苗期间保持土壤潮湿，随时清除砧木的萌蘖。如黄瓜在靠接后10~12天，切断接穗的胚根，再过2~3天，除去束缚物。嫁接苗在嫁接后25~35天即可定植，但定植不可过深，以防嫁接部位接潮土，黄瓜胚茎上产生不定根而染病，失去嫁接意义。嫁接的黄瓜高产性强，一般增产30%。

（四）无土育苗

无土育苗是一种新型育苗技术。不用土壤，而用营养液和基质或单纯用营养液进行育苗的方法，称为无土育苗。根据是否利用基质材料，无土育苗可分为基质育苗和营养液育苗两类，前者是利用蛭石、珍珠岩、岩棉等代替土壤并浇灌营养液进行育苗，后者不用任何材料作基质，而是利用一定装置和营养液进行育苗。将水与化肥配制成营养液，浇灌在人工或天然基质上进行育苗的方法，叫无土育苗。使用的基质有炉渣、草炭、沙子、锯末、稻壳、蛭石、珍珠岩等，这些基质和营养液代替了土壤的功能。场地可依据不同季节选用温室、大棚或临时架设的遮阴棚。

1. 无土育苗特点

无土育苗有如下几大特点：基质来源广，能就地取材，材质重量轻，成本低，透气性良好；育出的苗根系发达，吸水肥能力强，菜苗茁壮，定植后缓苗快，幼苗素质好，生长发育快，只要定植后管理及时，均表现出早熟（5~7天）和增产增收15%~20%；无土育苗由于基质经过消毒，可避免土壤病害，病害轻少；无土育苗节约了人工管理和燃料消耗，降低了成本；无土育苗有利于实现集约化、科学化、规范化管理和实现育苗工厂化、机械化与专业化育苗。

但无土育苗较有土育苗要求更高的育苗设备和技术条件，成本相对较高。而且无土育苗根毛发生数量少，基质的缓冲能力差，病害一旦发生容易蔓延。

2. 无土育苗技术要点

（1）基质的选择。选择适宜的基质是无土育苗的关键措施之一，它应具有良好的通气性、保水性，同时不含有对植物有毒的物质，酸碱度适宜，pH 值在 6.5～7.0。常用的基质种类很多，主要有泥炭、蛭石、岩棉、珍珠岩、炭化稻壳、炉渣、木屑、沙子等。这些基质可以单独使用，也可以按比例混合使用，一般混合基质育苗的效果更好。岩棉是一种比较好的基质材料，种子可直播在岩棉基质中，待幼苗出芽、子叶展开后，再移栽到岩棉块上，然后浇上营养液即可。混合基质法是采用稻壳、玉米秸等有机物经炭化后作基质育苗，或者是用蛭石、草炭、珍珠岩、炉渣、炭化稻壳等两种以上的基质混合后进行育苗，为草炭和蛭石的混合物是常用的基质，二者比例为 2:1。使用前应认真清除杂质，颗粒大小适宜，有些基质用前需用水投洗干净。在配制基质时添加不同的肥料（如无机化肥、沼渣、沼液、消毒鸡粪等），并在生长后期酌情适当追肥，平时只浇清水，操作方便。

由表 6-2 看出，配制基质时加入一定量的有机肥和化肥，不但对出苗有促进作用，而且幼苗的各项生理指标都优于基质中单施化肥或有机肥的幼苗。

表 6-2　复合基质的育苗效果

处理	株高（厘米）	茎粗（厘米）	叶片数（片）	叶面积（平方厘米）	全株干重（克）	壮苗指数
氮、磷、钾复合	14.2	3.1	4.5	27.96	0.124	0.121
尿素+磷酸二氢+脱味鸡粪	17.6	3.6	4.9	39.58	0.180	0.181
脱味鸡粪	12.5	2.9	4.1	19.12	0.110	0.104

（引自司亚平《蔬菜穴盘育苗技术》，中国农业出版社，1999）

（2）营养液的配制。营养液配方有多种，生产上常用的有：

①1 000升水中，加入400～500克尿素，450～600克磷酸二氢钾，500克硫酸镁，600克硫酸钙；②1 000升水中加入400～500克磷酸二氢钾，600～700克硝酸铵；③1 000升水中，加入500克硫酸镁，320克硝酸铵，810克硝酸钾，550克过磷酸钙。如果采用全程无土育苗法，除上述主要元素外，还需加入微量元素：在1 000升水中，加入硼酸3克，硫酸锌0.22克，硫酸锰2克，硫酸钠3克，硫酸铜0.05克。

（3）建育苗畦。在育苗场所，按1.5～1.67米宽、长宽按地形和面积需要而定。挖6～12厘米深，用酿热物的挖12～14厘米深，然后整平，四周用土或砖块做成埂。

（4）铺垫农膜和酿热物。在畦内铺上农膜（可用旧膜），按15～20厘米见方针打6～8毫米粗的孔，以便透气、渗水。除膜下的土中掺入酿热物外，有条件的在膜上还可垫一层5～10厘米的酿热物，铺平踩实后，再在上面铺上基质2～3厘米厚。

（5）铺设电热线。有酿热物的在其上面铺设电热线，没有酿热物的先在薄膜上垫1～2厘米厚的基质（如炉渣），再在其上面按每平方米面积80～100瓦的功率标准铺设地热线。

（6）无土育苗的管理。一般在出苗子叶展平后用喷壶浇营养液，浇完后再及时用清水冲洗叶片，浇液量以基质全部湿润，使底部有1厘米左右的液层即可，不能把基质全部淹没。一般一周浇2次，中间过干时可补浇清水。

无土育苗的苗龄比常规育苗的苗龄短，如番茄只需50～60天，甜椒和茄子只需70～80天，黄瓜需36～40天，可根据不同作物的适宜定植期往前推到所需苗龄天数，以确定不同作物的播种日期。

二、育苗技术

（一）种子播前处理

1. 精选种子和晒种

要挑选饱满、无破碎、发芽率高、无病虫伤害的种子，于播种前在太阳光暴晒 1～2 天，以杀死种子表面的部分病菌，并能提高种子的生活力和发芽势。

2. 测定种子发芽率

常用的方法有以下两种。

（1）取出一定数量种子，剥去外种皮，放入垫有湿滤纸的培养皿或容器，置于 25～30℃ 恒温箱或保温条件下，几天内可得出结果，计算发芽种子的百分率。

（2）红墨水染色法。将种子先用温水浸 6～8 小时，剥去种皮，浸于 5% 的红墨水溶液中，在室温条件，10 分钟可看出着色程度，未着色种子具有生命力，全着色或胚部着色的种子是已失去生活力的种子，子叶着色的表示着色部分为死细胞。根据未着色种子数计算出百分率。

优质种子的发芽率一般在 95% 以上，发芽率不足 60% 的种子一般不能用于播种，如非用不可，需要加大播种量。

3. 种子消毒

因蔬菜种子表面或内部常带有病菌，并会传给幼苗或成株，所以要进行种子消毒，主要目的是消灭种子表面及残存于种子内部的病原物。目前，常用的蔬菜种子消毒方法有物理方法、化学方法两大类。

（1）物理方法。用物理因素或机械作用，减少病虫种子和种子表面的病原物。生产上常用的有洗涤法、汰洗法、热力消毒法。

洗涤法：将种子用清水多次淋洗、揉搓，使种子表面粘附的各种病原物随水冲掉。

洗涤法：用手选、筛选、或用 14% ~ 20% 食盐水或 20% ~ 30% 硫酸铵水洗涤，后用清水冲洗多次。

热力消毒法：较常用的是用恒温干燥箱，在 70 ~ 75℃ 的温度条件下，对种子进行干热处理。处理时间一般是番茄 2 ~ 3 天，黄瓜 2 天，西瓜 2 ~ 3 天。

或者用热水烫种消毒法。水温为病菌致死温度 55℃，热水用量是种子体积的 5 ~ 6 倍，烫种时要不断地搅拌，保持恒温 15 分钟，然后让水温降到 30℃ 再浸种。

（2）化学方法。用生产上常用的杀虫剂、杀菌剂处理种子，以杀灭病虫。方法有药液浸种、药粉拌种、熏种等。

药液浸种消毒法：先将种子用清水浸泡 1 ~ 2 小时，再将种子浸到一定浓度的药液中，经过 5 ~ 15 分钟处理，然后取出洗净至无药味，再进行浸种。常用药液有 40% 甲醛（福尔马林）100 倍液，1% 硫酸铜和 1% 高锰酸钾水溶液，多菌灵 500 倍液等。例如防治辣（甜）椒炭疽病和细菌性斑点病，可把种子放入 1% 硫酸铜水溶液（硫酸铜 1 份、水 99 份）中处理 5 分钟。防治番茄花叶病毒，可用 10% 磷酸三钠或 2% 氢氧化钠水溶液浸 15 ~ 20 分钟，捞出洗净后再浸种催芽。

药粉拌种消毒法：将蔬菜种子浸泡一定时间后，捞出稍晾去其表面水分，然后和药粉混合均匀，使药粉粘附在种子表面，用药量一般为种子重量的 0.1% ~ 0.5%。常用拌种农药有敌克松、多菌灵、克菌丹、40% 拌种霜等。例如，为了防治茄、瓜类立枯病，可用种子干重量 0.2% 的 40% 拌种霜拌种；70% 托布津粉剂拌种，可防治各种蔬菜的苗期猝倒病。用 40% 拌种灵拌种可防治蔬菜立枯病、炭疽病等。拌好的种子即可进行播种，不宜催芽。

3. 浸种催芽

为了满足种子发芽对水分的需求，从而达到发芽快、出苗齐、出苗壮的目的而采用此法。有些还有杀菌或提高种子活性的目的。

温度、水分和氧是种子萌发所必需的 3 个条件。播种前先浸种，使种子充分吸水，然后将种子放在适宜的温度、通气条件下进行催芽，满足种子发芽所需的条件，是加速种子发芽、提高种子发芽率的有效措施。尤其在播种场所的条件不太适宜的情况下，浸种催芽处理更显其必要性。浸种催芽分两步，第一步是浸足水分，第二步是催芽。

（1）浸种。浸种用的水温高低根据种皮厚薄、结构和符合杀菌要求来定，浸种时间长短主要决定于种子的吸水量和吸水速度，并与水温、种子成熟度和饱满度有关。种子的吸水速度和吸水量又与种皮特性和种子内含物的化学成分有关。对一些种皮薄、吸水快的蔬菜种子，多用温水浸种。用 55℃ 的温水浸种 5 分钟，不断搅拌，至水温降到 30℃ 为止，然后在室温下浸种 5~8 小时。不同蔬菜种子浸种、催芽的时间有所不同（表 6-3）。在浸泡过程中需不断搅拌，以利种子受热均匀。对于种皮较厚、质地较硬的种子，如西瓜可用热水烫种，将干种子放于 70~80℃ 的热水中，在不断搅拌的情况下浸烫 5 分钟后，迅速浇入凉水使水温不断下降至 25~30℃。然后进行普通浸种。操作时应注意烫种时间和水温，以免烫伤种子。浸种后，应用手将种皮上的黏液搓洗干净，清除发芽抑制物质，漂去杂质及瘪籽，并用清水冲洗干净。对种皮坚硬的瓜类如苦瓜等则要嗑开种皮（嗑开种皮后的种子不能再行浸种，以免影响发芽），然后在适温下进行催芽。浸种所用的容器不允许带有油、酸、碱等物质。

表6－3　常见蔬菜浸种时间、催芽温度与时间

蔬菜种类	浸种时间（小时）	催芽温度（℃）	催芽时间（天）
黄瓜	4~6	25~30	1.0~1.5
西葫芦	4~6	25~30	2~3
茄子	12~24	30左右	5~6
辣（甜）椒	12~24	25~30	5~6
西红柿	6~8	25~28	2~3
甘蓝	2~4	18~20	1.5
芹菜	36~48	20~22	5~7
菠菜	10~12	15~20	2~3

（2）催芽。催芽就是将吸水膨胀的种子置于适温下促使种子发芽，具体方法是：将吸水膨胀的种子沥干水分，用透气性好的纱布包裹，放在非金属容器中，在20~25℃的温度条件下催芽。催芽期间每天用25~30℃温水淘洗种子2~3次，并在淘洗过程中翻倒种子，使其获得足够的氧气。约有1/3种子芽尖露出后及时播种。催芽时茄果类蔬菜如茄子、辣椒、番茄等，以不超过种子长度为宜；瓜类蔬菜如黄瓜、苦瓜、冬瓜等，种子可催短芽，也可催1厘米长芽。催芽注意的问题：每天淘洗并沥干水分，确保种子发芽所需的氧气、温度、湿度条件；及时播种，芽过长播种时易折断，还不利于扎根。

（3）温度处理。把将要发芽的种子每天在1~5℃的低温下放置12~18小时，再移入18~22℃的环境中放6~12小时，反复处理3~4天，可增强秧苗的抗寒力，加快生长发育。

（4）微量元素与激素的应用。微量元素浸种用硼酸、硫酸锰、硫酸锌、钼酸铵的0.50%~0.70%的水溶液，浸泡黄瓜、甜椒种子12~18小时，用0.70%~1%的上述溶液浸泡番茄、茄子种子6~10小时。此外用0.30%~0.50%的尿素、碘化钾溶液处理。均有利于促进种子发芽，加速幼苗生长。

（二）播种时期和播种量的确定

1. 播种期的确定

根据生产计划，当地气候条件、苗床设备、育苗技术、蔬菜种类和品种特性等具体情况来确定播种期。适宜的播种期是人为确定的定植日期减去秧苗的苗龄后，向前推算的日期。如早春保护地栽培，定植期提前，播种期也要相应提前。

确定蔬菜反季节栽培播种期，应使各茬蔬菜的采收初盛期恰好处于该蔬菜的盛销高价始期。因此，必须对市场需求有充分了解，再根据蔬菜生育进程，从采收初盛期往回推算播种期。种植模式不同或不同熟期的蔬菜作物，从播种到采收初期所需天数不同。例如，黄瓜中熟品种为 100 天，菜椒中熟品种为 130 天，西红柿中熟品种为 125 天，苦瓜中熟品种为 130 天。同一种蔬菜作物，早熟品种减 5 天，晚熟品种加 5 天。同一品种因育苗方法及栽培茬次不同，从播种到采收初期的天数也不同。秋冬茬栽培育苗期在夏季，需减少 7 天，冬春茬栽培育苗期在严冬，需增加 7 天。

2. 播种量的确定

播种时一定要注意适当的播种量。播种量过大，苗纤细，易徒长，播种量不足浪费地力，播种量的多少还要考虑到种子质量的好坏，发芽率高，净度高的可适当少播，反之要适当多播一些。不同蔬菜种子大小差异很大，因此播种量差异也很大（表6-4）。

表6-4　主要设施栽培蔬菜种子的参考播种量

种类	粒数/克	苗株数/平方米	温床育苗播种量克/平方米	冷床育苗播种量克/平方米
黄瓜	30～40	120	3～5	4～5
西红柿	300～350	2 200～2 600	8～12	10～15

（续表）

种类	粒数/克	苗株数/平方米	温床育苗播种量克/平方米	冷床育苗播种量克/平方米
茄子	200 ~ 260	2 200 ~ 2 600	15 ~ 20	20 ~ 25
辣椒	150 ~ 200	2 300 ~ 2 700	16 ~ 22	20 ~ 25

（引自张蕊《蔬菜栽培技术》，中国环境出版社，2009）

（三）播种技术

1. 播种方法

把已催芽的种子播于已准备好的苗床或育秧盘中，播种方式有撒播与点播。瓜类育苗，可用点播方式。在播种前要浇足苗床底水，稀播。如甜（辣）椒亩用种量 40 ~ 50 克，需播种床面积 5 ~ 7 平方米，播后覆盖营养土 0.5 厘米左右，并覆盖草和地膜。高山蔬菜茄果类或瓜类蔬菜的育苗时间在 3 月下旬至 5 月中下旬。此时高山地区雨多、温底较低，育苗床需要用小拱棚塑料薄膜覆盖，有条件的地方，可在苗床内铺设电热加温装置，更能保证出苗全而齐。苗刚出土，必须及时揭去苗床内地膜和草等覆盖物。

2. 播种中易出现的问题及解决方法

播种是一项细致而技术性很强的工作，稍一疏忽就会出现问题。而蔬菜种植季节性强，一旦失误将会给生产带来损失。为了使播种工作避免失败，应采取有效预防措施，把好播种出苗关。

（1）土面板结。土面板结往往由两方面原因引起：一是土质不好，腐殖质含量少，结构不疏松，二是浇水方法不当，底水不足，很易发生板结现象。因此，在配制床土时，要用腐殖质含量多的堆肥、厩肥拌入床土中，播种后的覆土也要用床土，另外可在其中加入适量的细沙，以防土面板结。播种前灌足底水，播种后至出苗前不需浇水也是防止土面板结的措施之一。若播种后床面干燥，可用喷壶浇些水，水量要小。

（2）不出苗和出苗不整齐。播种后种子不出苗或出苗不整齐的原因很多，种子质量低劣或者育苗床的环境条件不良，失去发芽力的种子，或者染有病菌的种子，均不能正常出苗。出苗时间不一致的主要原因是种子质量不好，或者是新旧种子混杂，或者是种子催芽时的温度，湿度和空气供应不均匀，使每粒种子的发芽程度参差不齐。

种子已死亡，应改善苗床环境条件后，立即重播。播种时采用发芽率高，发芽势强的优良种子，床土要整平，提前灌好底水，播种要均匀，覆土、覆盖的措施尽量一致，采取通风、覆盖等措施，尽量使环境条件一致，及时防治病害。

(3) 幼苗顶壳出土。幼苗出土后种皮不脱落，夹住子叶，这种现象称为"顶壳"或"戴帽"。这种现象在茄果类和瓜类蔬菜幼苗中经常发生，对瓜类蔬菜幼苗的危害极大。幼苗顶壳主要由两个原因造成：一是种子贮藏过久，种壳过硬；或者种子成熟度不够，生命力低，幼苗出土时，无力脱壳。二是播种时底水不足或覆土太薄，种子尚未出苗，表土已变干，使种皮干燥发硬，往往不能顺利脱落；播种时，覆土太薄，或覆土太轻，压力太小，也会使幼苗戴帽出土。

防止戴帽苗出现的措施有：选用当年新种，灌足底水，瓜种平放，覆土不宜太轻太薄，若发现种子带壳及时覆一层细土，必要时可人工辅助脱壳。

模块七　设施环境特点与调控

　　蔬菜栽培设施是在人工控制下的半封闭状态的小环境，其环境条件主要包括光照、温度、水分、土壤、气体、肥料等。蔬菜作物生长发育的好坏、产品产量和质量的高低，关键在于环境条件对作物生长发育的适宜程度。了解设施内环境条件的特点，掌握环境条件的变化规律，对于广大菜农正确选择设施的类型、覆盖材料，合理设计设施的方位、屋面结构，调节好设施内的环境条件使其适宜栽培蔬菜的生长发育需要，提高蔬菜产量和品质都具有重要意义。

一、设施温度特点与调控

　　温度是影响蔬菜生长发育的关键环境条件因子之一。在设施蔬菜生产中很多情况下，温度条件是生产成功与否的最关键因素。充分认识和了解设施内的温度条件变化特点和调节技术，对于搞好设施蔬菜生产是十分必要的。

（一）设施内的温度环境特点

1. 气温季节性变化明显

　　冬天天数明显缩短，夏天天数明显增长，保温性能好的日光温室几乎不存在冬季。根据温室效应产生的原因来看，白天，当短波的太阳辐射照到透明覆盖物表面后，一部分光线很容易透过覆盖物进入设施内，照射到设施内的植物上、土壤上和其他物体上，设施内的这些物体获得太阳辐射能量后，温度迅速升高，产生长波辐射，使气温升高。由于设施的封闭和半封闭作用，设施内外冷热空气交换微弱，同时透明覆盖物对长波辐射的透过率较低，而使设施内的气体得到短波的太阳辐射能容易，而向设施外辐射和交换能量困难，大部分进入设施内的太阳辐射能被保留在了设施内，从而使设施内的气温在不断接受太阳辐射的情况下而持续升温。

2. 气温日变化大

晴天设施内昼夜温差明显大于外界。由于受温室效应的影响，一般情况下，设施内的最高温度和最低温度都明显高于设施外，设施内外最高温度差额明显高于最低温度之间差额，昼夜温差明显大于外界。差额大小和不同的设施类型关系密切，大型设施由于其空间比较大，土壤和空气的贮热能力比较强，因此其温度变化缓慢，即白天升温慢，夜晚降温慢，日较差较小；反之，小型设施的空间较小，对热能的缓冲能力弱，白天升温快，夜晚降温快，日较差较大。

3. 气温分布严重不均

尤其是垂直变化比水平变化要更强烈。白天上高下低，越是靠近棚膜的地方，日较差越大，越是靠近中下部的地方日较差较小。晚上下高上低，中部高四周低，单屋面温室夜间北高南低。东西方向上，由于受太阳辐射、受光时间、山墙遮阴、进出口等的不同和影响，各部位的温度也有较大的差异，一般情况下，中部温度高，东西两侧低。

4. 设施内土温较气温稳定

地表温度在南北方向上变化比较明显，晴天和白天中部最高，向北向南递减；夜间后屋面下最高，向南递减，阴天夜间变化小。5厘米深的土温不同部位差异较大，以中部地带温度最高，向南向北递减，后屋面下地温稍低于中部，比前沿地带高，东西方向上温差不大，靠近出口的一侧温度变化大，且低于另一侧，东西山墙的内侧地温最低。30厘米以下土温变化很小。

（二）不同蔬菜的温度需求规律

1. 茄果类蔬菜

发芽期适温 28～30℃；幼苗期（日/夜）20～25℃/15～17℃；开花着果期（日/夜）20～30℃/15～20℃；结果期（日/夜）25～28℃/16～20℃；适宜地温 20～22℃。

2. 瓜类蔬菜

发芽期适温 25～30℃；幼苗期（日/夜）25～28℃/13～15℃；抽蔓期，即上午为 26～28℃，下午逐渐降到 20～22℃，前半夜再降至 15～17℃，后半夜降至 10～12℃；盛果期上午保持 28～30℃，下午 22～24℃，前半夜 17～19℃，后半夜 12～14℃。

3. 豆类蔬菜

发芽期适温 20～35℃；第一片真叶前（日/夜）20℃/10～15℃；定植前（日/夜）15～20℃/5～12℃；开花着果期（日/夜）20～25℃/18～20℃；结荚期（日/夜）25～30℃/16～18℃；适宜地温 20～25℃。

4. 叶菜类蔬菜

发芽期适温 18～22℃；生长期（日/夜）20～22℃/13～18℃；适宜地温 10～20℃。

（三）设施温度环境调控技术

设施内温度调控技术主要包括加温、降温和保温技术措施。

1. 加温技术措施

合理选择相应的设施类型和设施结构；合理选择设施建设场地；合理设置大棚群和温室群的间距，选择耐老化性能强、防雾滴效果好的膜或无滴膜；尽量增加揭苫时间；来增加设施内太阳辐射的进入量，是设施内加温的最简易的有效的方法。

人工加温主要包括火炉加温、暖水加温、热风炉加温、蒸汽加温和电加温等几种措施。

火炉加温又称烟道加温，利用炉筒或烟道散热来提高设施内温度，通过炉筒或烟道将烟排出室外。火炉通常设置在外间工作室内或单屋面温室北墙内侧近墙处。一般将烟道设在北侧，但是，夜间南北温差较大。烟道可采用瓦管、砖筒或铁皮筒。瓦管和铁皮筒传热快，温度不够稳定；砖砌烟道本身较厚，吸热力大，封火后可继续放热，温度较稳定，但加温时，温度上升缓慢，故加温时间应提早。烟道长度一般不超过 1.2 米，否则气流循环缓慢，火力不旺。如加高烟筒或装鼓风机时，烟道可适当延长。火炉加温主要应用于简易温室及小型加温温室，方法简便，投资较低，但是也存在室内温度不易控制、温度分布不均、空气干燥、室内空气质量差，热力供应量小、预热时间长等缺点。

暖水加温主要是通过在栽培行间或栽培床底部放热水管，用 60 ~ 80℃ 热水循环散热加温。热水可通过锅炉加热获得，或直接利用工业废水和温泉。热水往复循环的动力可依靠本身的重力或水泵。暖水加温可使温湿度保持稳定，且室内温度均匀，燃料费用低，温度便于控制；但也存在冷却之后再加热时，设施内温度上升慢，热力不及蒸汽、热风加温大，且设备成本高，寒冷地方须防止管道冻结的缺点。适用于玻璃温室及其他大型温室或连栋大棚的设施内加温。

热风炉加温是利用燃油炉燃烧产生的热风，通过带孔的塑料管道送入设施内来提高设施内温度。其优点是升温快、室温较均匀，设备简单，不占地，遮光少。缺点是室内温度波动较大，适用于中小型温室或临时加温。

蒸汽加温是用 100 ~ 110℃ 蒸汽通过放热汽管加温。放热汽管采用排气管或圆形管，不宜用暖气片，放热汽管通常置于设施内四周墙上或植物台下，避免影响光照。蒸汽加温具有预热时间短、温度容易调节等优点；但也具有一些缺点，如加热停止后余热少、保温性差、设施内湿度较低、近管处温度较高、附近植物易受伤害、燃料费用较高、对水质要求较严，须有熟练的加温技术等。适用于小型温室临时加温。

电热加温是用电热线和电暖风来加温。电热线可安装在土壤中或无土栽培的营养液中，用以提高土温或液温。电暖风是将电阻丝通电发热后，由风扇将热能快速吹出。电热加温方法具有供热均衡、便于控制、节省劳力，清洁卫生的优点但缺点是停电后保温性差、耗电多、运行成本高、受电源限制大等，一般作辅助加温或育苗加温用。

2. 降温技术措施

通过开启通风口、门、窗等，使设施内较热空气与设施外较冷空气进行交换，是比较简易有效的降温措施。通风除具有降温作用外，还可降低设施内湿度，补充二氧化碳气体，排除室内有害气体。自然通风适于高温、高湿季节的全面通风及寒冷季节的微弱换气。由于自然换气，设备简单，运行管理费用较低。因此，是广泛采用的一种换气措施。换气窗的设置应同时满足启闭灵活、气流均匀、关闭严密、坚固耐用、换气效率高等要求。简易的塑料大棚和日光温室一般用人工掀起部分塑料薄膜进行通风，而大型温室则需采用相应的通风装置。强制通风是利用排风扇作为换气的主要动力。由于设备和运行费用较高，主要用于盛夏季节需要蒸发降温，或开窗受到限制，高温季节通风不良的温室，以及某些特殊需要的温室。设备主要由风机、进风口、风扇或导风管组成。根据风机装置位置与换气设施组成不同，温室强制换气的布置形式包括山墙面换气、侧面换气、屋面换气和导风管换气等几种。通风是降温、换气、排湿的途径，是维持设施内良好小气候环境的重要技术措施，因此，它是设施栽培成功的关键。其基本原则是：根据设施内小气候环境而定，以设施内气温为主要参考指标。根据植物种类而定，不同植物对光、温、气、湿的要求不同。根据适时适地的气候条件而定。不同的季节、不同的外界环境也不同。通风要坚持每天都要通风，即使是雨、雪阴冷的天气。目的：通风换气，增氧气和排除二氧化碳，并达到一定的降湿之目的。根据设施内小气候环境、植物种类，按照植物对温度的适宜范围而定，用通风的方法调节小气候的温度。耐热植物高于35℃，喜温植物高于30℃，要及时通风。外界温、光充足的季节，要早通风，增加通风时间；外界温、光条件差的天气，要晚通风，减少通风时间。

遮阴降温是目前常用的最经济有效的降温方法，主要是利用覆盖遮阳网和棚膜表面白色涂层进行遮光降温。白色涂层一般涂在设施屋顶，以阻挡中午前后的太阳直射光为主，遮光10%左右，降温效果较差。遮阳网设置在室外屋面上方30~40厘米处，可降低室内气温4~5℃，若设在室内降温效果减半。最好安装卷帘设备，根据日光强弱调节遮光程度，来控制设施内温度的均衡。

喷雾降温降温效果快，降温效果明显。根据喷雾的位置不同可以分为设施内喷雾和设施外喷雾两种形式。设施外喷雾主要是在温室屋顶外面张挂一幕帘，其上设喷雾装置，未气化的水滴沿屋面流下，顺排水沟流出，使屋面降温接近室外湿球温度。此法是通过屋面对流换热来冷却室内空气，不增加室内湿度，可使室内温度降至比室外低3~4℃，且温度分布较均匀。设施内喷雾当前主要是在作物层2米以上的空间里，利用喷头、输水管路、水泵、贮水箱、过滤器、闸阀、测量仪表等雾化装置，喷以直径小于0.05毫米的浮悬性细雾，通过细雾蒸发，对流入的室外空气加湿冷却，抑制室内空气的升温，温度分布较均匀。由于细雾在未达到植物叶片时便可全部气化，不弄湿作物，减少病害，且具有节约用水和通风阻力小等优点。但对高压喷雾装置的技术要求较高。

3. 保温技术措施

保温技术措施最根本的是设施保温结构要合理，建造时场地、方位、布局要符合保温的要求，最好北侧有较好的防护措施。

用保温性能较好的覆盖材料进行覆盖，如果覆盖草苫，草苫要密、干燥、疏松，厚度适中，草苫与草苫之间不能留有缝隙。

减少散热途径，加强设施的密闭性也是保温的一项有效措施。要经常对设施的密闭性进行检查，对于薄膜破孔以及墙体裂缝等要及时修补和堵严。通风口和门要关闭严实，门内外两侧均要挂保温帘保温。

多层覆盖保温是当前保持日光温室南侧温度的一个重要措施，主要是利用塑料薄膜、草苫、纸被、无纺布等多层次一起进行覆盖。塑料薄膜覆盖一般用于临时覆盖保温，既可以覆盖地面保持地温，也可以搭建小拱棚、棚膜内拉一层塑料薄膜做保温幕、在棚膜外或草苫上覆盖薄膜保持设施内气温。草苫是我们生产上一贯使用的长期覆盖保温材料，根据生产需要可以加厚草苫，提高保温能力，一般覆盖草苫可提高设施内温度 5～6℃。纸被和无纺布是做临时保温幕和辅助覆盖在棚膜上或草苫下的临时覆盖保温材料，覆盖纸被可以提高设施内温度 3～5℃。

二、设施光环境特点与调控

设施内的光照条件对设施内的作物影响很大，尤其是覆盖了不同的透明覆盖物的情况下，设施内的光照强度、光照时数、光质等都发生了很大的变化，在设施生产栽培时，合理调控设施内光照条件满足蔬菜生产的需要，是设施蔬菜生产取得高产优质的保证。

（一）设施的光环境特点

（1）设施内的光照强度比外界弱，根据透明覆盖物的透光性能不同，一般仅为露地的 50% ~ 80%。受设施结构、方位的影响光照分布非常不均匀，存在水平和垂直差异。温室内南侧光照占总光量的 45%，中部光照占总光量的 40%，北侧光照占总光量的 15%，垂直方向上由下而上光照逐渐增强，随栽培蔬菜种类不同垂直变化差异不同，栽培黄瓜与栽培西葫芦相比，栽培黄瓜时光照垂直变化差异大；东西延长的塑料大棚的光照南部明显强于北部，高一倍左右；南北延长的塑料大棚的光照东西两侧和中部、南部与北部光照均基本一致，只是东西两侧和中部的光照量明显高于南部和北部，高 40% ~ 50%。

（2）由于受草苦揭盖时间和多层覆盖的影响光照时数明显短于设施外，冬季设施内光照时数仅为 6 ~ 8 小时，高纬度地区更低。

（3）由于受不同透明覆盖物的透光性能影响，设施内的光质变化较大，尤其是紫外线透过率低，玻璃的紫外线透过率明显低于塑料薄膜。

（二）不同蔬菜的光照需求规律

青菜、白菜、葱、蒜等蔬菜属于长日照植物，光照时数需求较长，必须有一段光照时数长于 12 小时；扁豆、豇豆、茼蒿等蔬菜属于短日照植物，光照时数需求较短，必须有一段光照时数短于 12 小时；茄果类和黄瓜、菜豆等蔬菜对光照时数需求要求不严，适应范围较广。

瓜类、茄果类、豆类、薯芋类蔬菜属于强光照的光照条件，栽培过程中必须适当提高光照条件；白菜、葱、蒜、芹菜、韭菜等蔬菜对光照条件要求中等，栽培过程中应适当提高光照条件；

菜豆、莴苣、姜、绿叶菜类等蔬菜对光照条件要求较弱,栽培过程中应适当遮阴降低光照量。

(三) 设施光照环境调控技术

1. 增加光照强度的技术措施

设施的结构和布局直接决定着设施的采光性能,合理选择采光性能好的设施类型和结构,合理选择设施建造场地,设计布局合理的大棚结构群和温室群,能较好的提高设施的采光性能,提高设施内的光照量。

选用透光性能好的透明覆盖物,应选用防雾滴且持效期长、耐候性强、耐老化性强等优质多功能薄膜、漫反射节能膜、防尘膜、光转换膜。

保持透明屋面清洁干净,经常清除灰尘以增加透光,适时放风减少结露,提高透光率。

在保温前提下,保温覆盖材料尽可能早揭迟盖,增加光照时间。在阴雨雪天,也应揭开不透明的覆盖物,在确保防寒保温的前提下时间越长越好,以增加散射光的透光率。

适当稀植,合理安排种植行向,一般以南北行向较好,极弱光区少。如果采取东西行向,则行距要加大,减少行间遮光率。加强植株管理,对黄瓜、番茄等高秧作物适时整枝打杈,吊蔓或插架。进入盛产期时还应及时将下部老叶摘除,以防止上下叶片相互遮阴。

反光膜是指表面镀有铝粉的银色聚酯膜,幅宽 1 米,厚度在 0.005 毫米以上,在早春和秋冬季,挂在日光温室离后墙 50 厘米左右的地方,可将照到北部的阳光反射到前面,能提高北部的光质量,并可增加室内温度。

人工补光主要是在连续阴雨天气,设施内的光照不能满足作物生长的需要或为满足作物光周期的需要,当黑夜过长而影响作物生育时，人为进行补充光照的技术措施。如果进行光合补光，应注意补光要达到强度并尽量达到模拟自然光的程度，以提高光合效率，达到增产增效的目的；如果是光周期补光，一般要求有红光，光照度要求低，只要几十勒克斯的光照度即可满足要求，只需使用白炽灯和荧光灯就可以了。

2. 降低光照强度的技术措施

遮阴是设施生产上最常用的降低光照强度的有效措施，利用覆盖各种遮阴物，如遮阳网、无纺布、苇帘、竹帘等；进行遮光能使室内温度下降 2～4℃。初夏中午前后，光照过强，温度过高，超过作物光饱和点，对生育有影响时应进行遮光；在育苗过程中移栽后为了促进缓苗，通常也需要进行遮光。塑料大棚和温室在生产上也可采用薄膜表面涂白灰水、白涂料和泥浆等措施，减少透明覆盖材料的透光量，达到减弱光照强度的目的。

三、设施空气湿度特点与调控

蔬菜的 90% 含有大量水分，水分的多少直接影响产品的品质和价值，水是蔬菜产品的质量的基本保证。设施内水分和湿度条件是否适宜于栽培蔬菜的生长发育是蔬菜设施栽培取得高产的关键因素。

（一）设施的空气湿度特点

设施相对封闭的环境决定了设施内空气的绝对湿度和相对湿度一般都大于露地。设施内作物由于生长势强，代谢旺盛，作物叶面积指数高，通过蒸腾作用释放出大量水蒸气，在密闭情况下水蒸气很快达到饱和，空气相对湿度比露地栽培要高得多。高湿是温室湿度环境的突出特点，特别是设施内夜间随着气温的下降相对湿度逐渐增大，往往能达到饱和状态。设施内的空气相对湿度最大值出现在设施揭苫前后，随着揭苫后太阳辐射的进入量增加，设施内气温升高，相对湿度逐渐下降，中午前后气温达到最高值，空气相对湿度达到最低值，由于设施内温度日变化较设施外强烈，空气的相对湿度日变化也就大。空气湿度依园艺设施的大小而变化，大型设施空气湿度及其日变化小，但局部湿差大。

（二）不同蔬菜的空气湿度需求规律

不同的蔬菜种类对空气湿度的需求是不一样的。黄瓜、白菜类、绿叶菜类、水生菜等蔬菜属于较高湿型蔬菜，空气相对湿度要求在85%～90%；马铃薯、豌豆、蚕豆、根菜类（胡萝卜除外）等蔬菜属于中湿型蔬菜，空气相对湿度要求在70%～80%；茄果类蔬菜属于低湿型蔬菜，空气相对湿度要求在55%～65%；西瓜、甜瓜、胡萝卜、葱蒜类、南瓜等蔬菜属于较干湿型蔬菜，空气相对湿度要求在45%～55%。

（三）设施空气湿度调控技术

1. 增加空气湿度的技术措施

在设施内提高空气湿度的技术措施主要是灌水、喷雾。灌水直接提高了土壤湿度，从而加大了土壤水分蒸发量，能持续有效的提高设施内空气湿度；喷雾直接把水分雾化成细雾滴直接喷在植物表面和空气中，迅速提高设施内空气湿度；如果在通风时通过湿帘通风，可以既解决通风问题又解决了加湿问题。

2. 降低空气湿度的技术措施

设施内造成高湿的原因是设施相对密闭所致，为了防止室温过高或湿度过大，在不加温的设施里进行通风，其降湿效果显著。一般采用自然通风，从调节风口大小、时间和位置，达到降低室内湿度的目的，但通风量不易掌握，而且室内降湿不均匀。在有条件时，可采用强制通风，可由风机功率和通风时间计算出通风量，而且便于控制，同时强制通风也解决了通风死角问题。

空气相对湿度与温度呈负相关，温度升高相对湿度可以降低。寒冷季节，温室内出现低温高湿情况，又不能放风，就要应用辅助设备，提高温度，降低空气相对湿度，并能防止叶面结露。

科学合理的灌水，最好选在阴天过后的晴天进行，并保证灌水后有 2~3 天晴天。一天之内，要在上午进行，利用中午这段时间高温使地温尽快升上来，灌水后要通风换气，以降低空气湿度。最好采用滴灌或膜下沟灌减少灌水量和蒸发量，降低室内空气湿度。

地面覆盖薄膜、秸秆等，阻止土壤水分的蒸发，来减少空气湿度的来源，同时如果覆盖干秸秆，还能通过吸收空气中的水分，降低设施内空气湿度。

利用除湿设备如除湿机、除湿型热交换通风装置、热泵除湿等设备，可迅速降低设施内空气湿度。

四、设施二氧化碳与有害气体特点与调控

蔬菜栽培设施一般是一个相对密闭的空间，各种气体在设施内都容易积累，有些气体是蔬菜生长需要的，如二氧化碳是绿色植物进行光合作用的重要原料，但是，有些气体在积累到一定程度就要对蔬菜生长发育产生毒害作用，这些气体称为设施蔬菜生产有害气体，主要有氨气、亚硝酸气体等。在蔬菜生产中必须掌握二氧化碳气体和有害气体产生的原因及浓度变化规律，才能有助于设施内蔬菜生长发育，获得高产。

（一）设施内二氧化碳的来源及变化特点

正常情况下，设施内的二氧化碳来源有 3 个方面：在设施内

二氧化碳浓度低于外界时，通过通风换气由外界补给；栽培作物和土壤微生物呼吸释放出来的二氧化碳；土壤有机质分解产生的二氧化碳。一般认为，通风换气是最及时有效的二氧化碳调解方式，有机质分解产生的二氧化碳能长期供给蔬菜生长发育的需求，对设施蔬菜提高产量具有重要意义。据实验研究，秸秆堆肥每亩施用 3 000 千克，相当于每平方米施用秸秆堆肥 4.5 千克，设施内一个月内二氧化碳浓度，平均可以达到 600 ~ 800 毫克/千克。

设施内二氧化碳的浓度变化规律一般是，夜间随二氧化碳积累浓度逐渐升高，白天揭苫后，随蔬菜生长发育的生理活动消耗，二氧化碳浓度迅速下降。揭苫前日光温室内二氧化碳浓度可以达到 1 300 ~ 1 800 毫克/千克，日出后 1 小时二氧化碳浓度就降到了 300 毫克/千克，如果不通风，不施用二氧化碳肥料，中午14 时 30 分一般浓度仅有 80 ~ 150 毫克/千克，叶片基本停止光合作用。

（二）　不同蔬菜的二氧化碳需求规律

自然界空气中的二氧化碳浓度一般为 320 毫克/千克。一般蔬菜的二氧化碳饱和点是 1 000 ~ 1 600 毫克/千克，二氧化碳补偿点为 80 ~ 100 毫克/千克。不同的蔬菜种类对二氧化碳的需求不一致，如黄瓜的二氧化碳饱和点为 1 592 毫克/千克，补偿点为 69 毫克/升，而菠菜的二氧化碳饱和点为 978 毫克/升，补偿点为42.3 毫克/升。叶菜类需求的二氧化碳浓度要大于果菜类，叶菜类一般在定植时的苗期开始施用二氧化碳，要连续使用，通常连续使用气肥 7 ~ 10 天，就可以看出增施气肥的效果。对于果菜类蔬菜如番茄、黄瓜、长瓜等瓜果作物从定植到开花期间可少施气肥，适当控制营养生长，加强整枝打叶、点花保果，在开花期至果实膨大期使用二氧化碳气肥效果最佳，可加速果实膨大和成熟过程，减少畸形果的发生，提高早期产量和蔬菜的商品性，一般使用10~20天后效果明显。

(三) 设施二氧化碳环境调控技术

二氧化碳气体是蔬菜光合作用的重要原料，二氧化碳供给不足会直接影响蔬菜正常的光合作用，而造成减产减收，它对蔬菜生长发育起着与水肥同等的作用。温室大棚一般用于寒冷季节的蔬菜的生产，为了保持温室大棚里的一定温度，通常大棚都是封闭的，这样，势必造成了温室大棚中的二氧化碳浓度正常情况下在白天越来越低，使温室大棚中的作物光合作用非常缓慢，过度缺乏，造成蔬菜抗病虫害能力降低、产量减少、品质下降、生产周期延长等情况。但是在二氧化碳施肥中或特殊情况下，也会出现二氧化碳浓度过高的情况。二氧化碳浓度过高时常引起蔬菜作物叶片卷曲，叶片细胞内的叶绿体由于淀粉积累过多而严重变形，影响光合作用的正常进行；严重时出现凋萎同时叶片中灰分、钾、钙、镁和磷等营养元素的含量降低，可能诱发相应的营养元素缺乏症；二氧化碳浓度过高还会影响蔬菜作物对氧气的吸收，不能进行正常的呼吸代谢作用而影响正常的生长发育，促进衰老过程；还会使棚内温度迅速升高，引起蔬菜作物的高温危害。

1. 降低二氧化碳浓度过高的方法

一般是通风换气，在不产生冻害的情况下，尽量加大通风量，也可以用暖风向外加强通风。

2. 提高二氧化碳浓度的方法

主要有增施有机肥、蔬菜和食用菌套种、施用二氧化碳肥。

增施有机肥，施入大量的有机肥料或秸秆还田，有机物质在分解过程中产生大量的二氧化碳。如果每亩地年施猪粪4立方米、鸡粪6立方米、豆饼7立方米可基本不需要大量增施二氧化碳气肥。

蔬菜和食用菌套种是既可以充分利用空间，提高温室效益的种植模式，同时还可以增加二氧化碳浓度。食用菌在生产过程中一般是吸收氧气，呼出二氧化碳。据测定，环境在 17~25℃ 平菇正常生长情况下，每平方米每小时可放出二氧化碳 8~10 克，相当于亩施 5 000 千克优质秸秆肥在分解旺盛期产生的二氧化碳量。

3. 施用二氧化碳肥技术的要点

主要有选择合适的二氧化碳肥源。目前生产上利用二氧化碳肥源较多，有直接利用工业副产品二氧化碳，有利用白煤油或液化石油气燃烧生成二氧化碳，这些肥源成本高，且易污染室内。最好的肥源是用稀硫酸加碳酸氢铵生产二氧化碳，价格低，原料来源广，操作方法简单，应用效果好，无污染，是目前生产上广泛采用的肥源。

确定施用二氧化碳经济的施肥浓度。不同蔬菜品种随着叶面积、温度、光照的变化二氧化碳饱和点也发生变化。生产实践证明，大棚蔬菜二氧化碳施肥，在蔬菜作物生长的中前期，叶面积系数小，二氧化碳施肥浓度应在 600~800 毫克/千克为宜。温度低，光照弱时，二氧化碳施肥浓度应在 800 毫克/千克为宜。高于 1 000 毫克/千克有增产作用，但成本较高，经济效益低，而且会导致气孔开放度缩小，降低蒸腾速度，使叶温升高，出现萎蔫现象。

确定适宜的施肥时期和施肥时间是提高二氧化碳肥效率的关键。大棚蔬菜整个生育期施用二氧化碳均有增产效果，但差异较大，苗期叶面积系数小，吸收 CO_2 量小，利用率低，施用 CO_2 虽有壮苗作用，但易产生植株徒长，因此，定植至缓苗期不施二氧化碳气肥，苗期也不施或少施气肥。叶菜类在起身发棵期开始进行二氧化碳施肥，此期叶片活力强，叶面积系数增大，光合生产率高，二氧化碳利用率高，增产幅度大。茄果类在开花坐果至果实膨大期为二氧化碳施肥最佳时期，此期进行二氧化碳施肥，叶面积系数大，吸收二氧化碳多，光合生产率高，有机物质积累多，促进果实膨大，提高果实产量。施肥时间应在日出半小时后开始，随着光照强度增大，温度提高，施用二氧化碳浓度逐渐加大。达到确定的饱和浓度为止。一般中午放风前半小时停止施用，阴雨天不施肥。

为了获得较好的施用二氧化碳肥效果，要加强温光和肥水管理。经二氧化碳施肥后的作物，地上养分增加，光合作用增大，根系吸收能力增强，生理机能改善，施肥量也要相应增加，为避免肥水过大造成作物徒长，茄果类蔬菜应注意适当增加磷钾肥，瓜类和叶菜类适当增施氮肥，使地上地下趋于平衡。蔬菜作物的光合作用是在一定的温度和光照条件下进行的，大棚蔬菜实行二氧化碳施肥后，要相应提高室内温度和光照。生产实践证明，当二氧化碳浓度达到 1 000 毫克/千克时，白天室内温度应提高 3 ~ 4℃，施肥停止后，按正常温度管理。上半夜温度比正常温度略高，下半夜则略低，要封闭好棚壁和塑料薄膜空隙，提高室内保温性能，减少二氧化碳外渗量，提高二氧化碳的利用率。早晨日出揭苫时及时清除棚顶灰尘和障碍物，增强室内光照强度和升温速度，提高二氧化碳施肥效果。

（四）温室中的有害气体

1. 氨气和亚硝酸气体的产生

氨气的发生来源主要有：施入土壤中的速效氮肥和有机肥直接产生氨气，如尿素、磷酸二铵、碳酸氢铵、硫酸铵和新鲜的人粪尿、鸡粪等的分解，这类肥料遇到高温环境，就会分解挥发，产生氨气；施入土壤中的速效氮肥和有机肥在分解、发酵或与某些物质发生化学反应过程中产生氨气，如尿素在分解为碳铵时会产生大量的氨气，撒在地表和施入土壤表层的饼肥发酵过程中会产生氨气，硫酸铵遇到石灰时发生化学反应也会释放氨气。

亚硝酸气体主要来自土壤中氮肥的硝化反应，氮肥施入土壤中后，经过有机态—氨态—亚硝酸态—硝酸态，最后以硝酸态氮供给蔬菜吸收利用。温室生产中大量施用氮肥在微生物的硝化作用下形成大量硝酸，使土壤酸化，酸化的土壤再施入大量化肥，会使土壤溶液浓度大大提高，这种情况下会使亚硝酸向硝酸转化过程受阻，土壤中会积累大量的亚硝酸，土壤酸度越强，亚硝酸越不稳定，发生的亚硝酸气体就越多。

2. 氨气和亚硝酸气体的危害

氨气是通过气孔侵入植株的，受害部位首先是生命力旺盛的叶片（即中位叶）的叶缘及部分心叶受害，受害的叶片先呈水浸状，叶缘组织先变褐色，呈烧灼状，严重时褪绿成白色或枯死。若氨气浓度达到 5 毫克/千克时，蔬菜作物会受害，当达到 40 毫克/千克时会使各种蔬菜受害，严重的干枯死亡。黄瓜、番茄、辣椒、小白菜等对氨气反应较敏感，茄子反应迟钝些。

亚硝酸气体是通过气孔侵入叶肉组织的，先是气孔周围组织受到伤害，进而扩展到海绵组织和栅栏组织，最后使叶绿素遭到破坏而褪绿，轻则叶片出现白斑，重则叶脉也变白，通常接近地面叶片受害较重。若亚硝酸气体浓度达到 5～10 毫克/千克时，蔬菜作物会受害。番茄、茄子、黄瓜、芹菜、莴苣等对亚硝酸气体较敏感。

3. 氨气和亚硝酸气体的防除

加强通风换气，每天早晨用 pH 值试纸测试棚膜上露水，若呈碱性，表明有氨气产生，若呈酸性，表明有亚硝酸气体产生，须及时放风。只要温度不是很低，每天都要开启风口，最少通风30 分钟，通风以清晨或夜间最好，可以兼排室内的水蒸气，降低设施内空气湿度，有利于防治病害。

采用科学的施肥方法，有机肥料在施入棚室内之前 2～3

个月，要将其加水拌湿，堆积后盖严塑料薄膜，经过充分发酵腐熟后才施入棚内。严禁在设施内撒施速效氮肥，如尿素、碳酸氢铵、硫酸铵、二铵等化肥。必须追施时，要结合浇水进行，事先把肥料溶解成水溶液，随水冲施，以防氨气挥发危害蔬菜。

五、设施土壤环境特点与调控

（一）设施蔬菜生产对土壤环境的要求

蔬菜作物是以新鲜多汁的根、茎、叶、花或果实作为产品，一般生长速度快，很多蔬菜一次种植多次收获。具有根系吸收力强、喜肥多钙、对铵态氮敏感、根部呼吸需氧量高、对硼需求量高等特点。对土壤肥力的需求要高于一般作物，应具有以下特点。

1. 土壤高度熟化

首先应具有较厚的熟土层，厚度要大于 30 厘米，土壤有机质含量不低于 2% ~3%，最好能够达到 3% ~4%。质地疏松均匀，土壤总孔隙度在 60% 左右，地下水 2.5 米以下。一般壤土比较理想，沙土、黏土需经过改良。

2. 土壤结构要疏松，耕性良好

土壤的紧实度越大，根系生长受阻力越大。土壤容重越大说明土壤板结、有机质含量少、耕性不良。设施蔬菜栽培土壤的适宜容重为 1.1 ~1.3 克/立方厘米，土壤容重越大对根系生长影响也越大。

3. 土壤的酸碱度要适宜

土壤的 pH 值为 6.0 ~6.8 时，大多数蔬菜生长发育良好。对于蔬菜设施栽培的土壤，应将其酸碱度调整到这样的适宜范围。

4. 土壤的稳温性能要好

设施温室蔬菜一般在冬季进行生产，土壤蓄热是阴天和夜间热量的主要来源，选择蓄热性能好的土壤对于提高设施内夜间和阴天温度具有重要意义。要求土壤有较大的热容量和热导率，这样的土壤温度变化就比较稳定。

5. 土壤的养分含量高

要求土壤肥沃，养分齐全，含量高，要求全氮 0.1% 以上，土壤碱解氮含量在 75 毫克/千克以上，速效磷肥 30 毫克/千克以上，速效钾肥 150 毫克/千克以上，氧化钙 0.1% ~ 0.14%，氧化镁 150 ~ 240 毫克/千克，并含有一定量的有效态的硼、钼、锌、锰、铁、铜等微量元素。

6. 具有较强的蓄水保水能力

一般蔬菜要求的土壤含水量为 60% ~ 80%。田间含水量达到最大持水量时，需保持 15% 的通气量。如果含氧量低于 10%，根系呼吸受阻，尤其是茄子最为敏感，土壤含氧量达到 20% ~ 24%，根系才能生长良好。

7. 土壤不含或很少含有有害物质

除了不含工业排放污染物之外，还应较少存在连作产生的障碍因素。

(二) 设施土壤环境的特点

设施内土壤与露地土壤不同，栽培作物期间由于受覆盖物的遮挡栽培土壤不受雨水淋洗，灌水过程中也几乎没有肥料的淋失。栽培期间处于设施内气温高、湿度大、光照弱、气体流动性差等的环境条件中，并且种植强度大、施肥量大、根系残留多。设施土壤呈现出了很多独自的特点。

1. 土壤表层盐分积累

土壤盐分的运动受土壤水分的运动影响，温室土壤水分运动少，而且室内温度高，土壤水分蒸发强烈，土壤盐分随土壤水分蒸发来到了土壤表层，水分蒸发后造成表层大量积盐。露地土壤的溶液浓度一般为 3 000 毫克/千克，而温室中土壤溶液的浓度高达 7 000 ~ 8 000 毫克/千克，严重时高达 10 000 ~ 20 000 毫克/千克。土壤盐分积累易造成蔬菜根系吸水困难、氨危害、引起缺素症或微量元素过量障碍等危害。

2. 土壤酸化

氮肥施用量过大、残留量大，大量的氮肥在微生物的硝化作用下形成大量硝酸，使土壤酸化，酸化的土壤再施入大量化肥，会使土壤溶液浓度大大提高，抑制某些元素的吸收，并且土壤酸碱度随使用年限越来越呈酸性。

3. 土壤呈现连作障碍

同一种蔬菜或近缘种类蔬菜连作以后，即使在正常管理下，也会产生产量降低、品质变劣、病害严重、生育状况变差的现象。产生原因主要是：土传病害、土壤次生盐渍化和自毒作用。土传病害如十字花科的软腐病；茄果类、瓜类的猝倒病、立枯病、疫病、根腐病、枯（黄）萎病；番茄、辣椒的青枯病及线虫等。自毒作用是指某些蔬菜种类通过地上部淋溶、根系分泌和植物残茬腐解等途径来释放一些物质，从而对同茬或下茬同种或同科蔬菜生长产生抑制作用，如番茄、茄子、辣椒、西瓜、甜瓜和黄瓜等易产生自毒作用，而丝瓜、南瓜、瓠瓜和黑籽南瓜则不易产生。

4. 土壤微生物活动能力减弱

温室大棚生产往往在温度较低的季节进行，土壤微生物也必然处于适温以下的环境条件下生存，活动能力必然减弱。土壤微生物活动能力差，会影响到土壤养分的分解，蔬菜根系就难以从土壤中吸取适量的养分。

（三）设施土壤环境的调控

设施土壤的调控主要包括土壤培肥、土壤除盐和合理施肥等。

1. 土壤培肥

温室是一个高度集约化的栽培蔬菜场所，培肥土壤是非常重要的。改良土壤、培肥地力的有效措施是施用有机肥料。有机肥肥效慢，但是，腐熟的有机肥不易引起盐类浓度上升，能改善土壤理化性状，疏松透气，提高含氧量，对作物根系有利。施入较多圈肥和人粪尿的，植株生长健壮，发病轻产量高。单纯依靠化肥的病害往往较重产量不高。施入有机肥需注意必须腐熟，同时要加强水分管理注意解决施用有机肥造成土壤溶液浓度升高的不利影响。

2. 土壤除盐

土壤除盐主要目的是降低土壤溶液浓度。常采用以水除盐、作物除盐、含碳量高的作物秸秆还田除盐、深翻除盐、换土除盐等方法。

以水除盐主要是利用夏季休闲期通过灌水，以淋掉一部分土壤中的盐分的除盐方法。以水除盐的方法要和开挖排水沟相结合效果比较好，通过排水沟把含盐的水分横向排出温室地段。

作物除盐主要是利用夏季休闲期通过栽培吸肥力强的禾本科作物（如玉米），植株生长过程中把土壤中的可溶性无机态氮转化成植物体的不溶于水分的有机态氮，从而降低土壤中的盐分浓度的除盐方法。

含碳量高的作物秸秆还田除盐是通过施入含碳量高的作物秸秆，通过分解过程中微生物活动消耗土壤中的速效氮来降低土壤盐分浓度的方法。如施入稻草秸秆、麦糠、锯末等。要注意施入的时间和用量，避免和栽培的作物发生争夺速效氮的情况。

深翻除盐就是利用栽培休闲期深翻栽培土壤，把含盐量高的表层土壤与含盐量少的深层土壤混合，可以起到稀释耕作层土壤盐分的作用。深翻除盐结合施入腐熟的有机肥，并配合灌水，效果更好。

换土除盐一般有两种做法，一是对固定温室大棚内换入含盐量低的新土；二是对简易温室大棚进行异地搬迁。这种做法虽然难度大、费工费时，但是除盐彻底，利于栽培作物生长。

3. 合理施肥

目前设施内合理施肥的方法主要有配方施肥。

配方施肥：综合运用现代农业科技成果，根据作物需肥规律、土壤供肥性能与肥料效应，在以有机肥为基础的条件下，提出氮、磷、钾和微量元素的适当用量、比例及相应的施肥措施。配方施肥包括配方和施肥两个程序。配方的核心是肥料的用量计算，依据是栽培作物营养特性、土壤条件、气候条件、肥料性质。在作物播种定植前通过各种手段确定达到一定目标产量和肥料用量，即解决确定获得多少产量与需施多少肥料的问题。施肥的任务是肥料配方在生产中的执行，保证目标产量的实现。根据配方确定肥料用量、品种和土壤、作物、肥料的特性，合理安排基肥、种肥和追肥的比例，以及施用追肥的次数、时期和用量等（表7-1、表7-2、表7-3）。

表7-1　主要蔬菜生产一吨产品所需的标准养分量一览表

（单位：千克/吨）

蔬菜种类	氮	磷	钾	钙	镁
黄瓜	3.2	1.8	4.8	2.2	0.8
西葫芦	5.47	2.2	4.1	—	—
苦瓜	5.3	1.8	6.9	—	—
番茄	3.1	0.7	4.8	3.3	0.6
茄子	3.3	0.8	5.1	1.2	0.5

（续表）

蔬菜种类	氮	磷	钾	钙	镁
青椒	5.5	1.0	7.5	2.5	0.9
豇豆	4.1	2.5	8.7	—	—
韭菜	3.7	0.9	3.1	—	—
花椰菜	10.9	2.1	4.9	—	—
菠菜	2.5	0.9	5.3	—	—
芹菜	2.0	0.9	3.9	—	—
油菜	2.8	0.3	2.1	—	—
香菜	3.6	1.4	8.9	—	—

表7-2 常用肥料利用率一览表

肥料种类	利用率
氮肥	40%
磷肥	20%
钾肥	50%
有机肥	20%

表7-3 常用肥料三要素含量参考表

肥料名称	含N（%）	含P_2O_5（%）	含K_2O（%）
硫铵	21		
尿素	46		
硝铵	34		
碳酸氢铵	17		
氯化铵	25		
磷酸二铵	12~18	46~52	
过磷酸钙		12~20	
钙镁磷肥		12~20	
硝酸钾	13		48
硫酸钾			50
氯化钾			60
磷酸二氢钾		24	27
厩肥	0.5	0.25	0.5

（续表）

肥料名称	含N（%）	含P_2O_5（%）	含K_2O（%）
人粪	1.0	0.36	0.34
人尿	0.43	0.06	0.28
人粪尿	0.5~0.8	0.2~0.6	0.2~0.3
普通堆肥	0.4~0.5	0.18~0.26	0.45~0.7
猪粪	0.6	0.4	0.44
马粪	0.5	0.3	0.24
牛粪	0.32	0.21	0.16
羊粪	0.65	0.47	0.23
鸡粪	1.63	1.54	0.85
鸭粪	1.00	1.40	0.62
圈肥	0.55	0.26	0.9
棉籽饼	3.44	1.63	0.97
芝麻饼	5.8	3.0	1.3

施肥量的计算，根据计划产量比原来产量增加的数值，计算在原来施肥基础上需要增加的施肥量，计算公式为：

需增加的施肥量 =（计划产量吸肥量 - 有机肥供肥量 - 土壤供肥量）/1 000千克×F

产量单位是千克，F值是某一作物每生产1 000千克产品所需的纯氮、磷、钾的数量，计算出需增施某营养元素的用量后，再根据肥料利用率，某种肥料有效成分含量，计算出某种肥料的施用量。

某种肥料用量 = 某营养元素增施量/（该肥料利用率×该肥料有效成分含量）

六、设施综合环境调控

要改变设施覆盖下的特殊环境，创造一个有利于蔬菜作物正常生长发育的环境，必须对该环境进行综合调控管理。科学地调控设施内影响蔬菜生长发育的各种环境因素，将多种环境因素有机地结合起来，进行综合环境调控，以满足设施蔬菜生长发育的需要。

（一）根据设施蔬菜生理活动中心转移规律综合调控环境

根据蔬菜一天中生理活动中心的不同，可分为 3 个时间带，3 个时间带的环境因子需求各不相同。

1. 白天增加光合作用的时间带

该时间带蔬菜适温 20 ~ 30℃，空气相对湿度 75% 左右。其中，上午光合作用强，适温要求高，午前和中午要求温度 25 ~ 30℃，完成同化物量的 70% ~ 80%；午后光合作用减弱，要求温度为 20 ~ 25℃ 即可，完成同化物量的 20% ~ 30%。

2. 傍晚至前半夜是促进光合产物转运的时间带

不同蔬菜同化物大量转运时间存在着差异。一般叶片大，叶脉复杂的瓜果菜类的同化产物的转运以夜间为主，而叶片小，叶脉简单的果菜类的同化产物则多在合成后即转运，即多在白天转运。这是因为光合产物的顺利转运一般都要求有极高的转运条件。例如叶片大、叶脉复杂的瓜果类蔬菜前半夜转运同化物的适温是 15 ~ 20℃，而叶片小，叶脉简单的果菜类蔬菜则不必那么较高的转运条件。

3. 呼吸为主的时间带

同化物转运过程基本结束后，呼吸作用便成为后半夜的中心过程，呼吸消耗随温度的升高而增加，所以，后半夜较低的温度有利于减少呼吸消耗。在地温有保障的前提下，能保证蔬菜夜间正常生长发育的温度界限多数作物为 10 ~ 13℃。

（二）大温差变温管理

1. 黄瓜大温差四段变温管理

即上午棚室温度控制在 25 ~ 30℃，最高不超过 33℃，相对湿度降至75%；下午室温降至20～25℃，相对湿度降至70%左右；前半夜温度控制在15～20℃，下半夜温度最好能控制在13～15℃。采取此法管理既可满足黄瓜生长发育的要求，又能有效地控制霜霉病等病害的发生。具体操作方法是：上午日出后使棚室温度迅速进入25～30℃，相对湿度降至75%左右，实现温、湿度的双限制，抑制了发病，同时也满足了黄瓜的光合成条件，增强了抗病性。下午室温降至20～25℃，相对湿度降到70%左右，即实现湿度单限制控制病害，温度有利于光合物质的输送和转化。前半夜空气相对湿度小于80%，室温控制在15～20℃，利用低温限制病害。下半夜相对湿度大于90%，将采取控制温度在10～13℃的低温限制发病，抑制黄瓜呼吸消耗，尽量缩短叶缘吐水及叶面结露持续的时间和数量，以减少发病。当夜间温度高于12℃时，可整夜通风。

2. 西红柿大温差四段变温管理

晴天上午晚放风，使温度迅速升到24～30℃（在灰霉病发生期可升至33℃时，再开始放顶风，31℃以上高温可减缓灰霉病菌孢子萌发速度，推迟产孢，降低产孢量），下午室温保持在20～25℃，室温降至18～20℃，关闭风口以减缓夜间室温下降。前半夜室温应保持在15～18℃，后半夜保持在10～15℃。

模块八 设施蔬菜栽培技术

一、果菜类蔬菜

茄果类蔬菜是指茄科植物中的果菜类（以浆果作为食用部分的蔬菜）作物，包括西红柿、辣椒、茄子等。茄果类是我国蔬菜生产中最重要的果菜类之一，其果实营养丰富，适于加工，具有较高的食用价值。加之适应性较强，全国各地普遍栽培，具有较高的经济价值。因此，茄果类蔬菜在发展设施蔬菜生产和提高人民生活水平中占有重要地位。

（一）番茄设施生产技术

番茄（tomato）茄科（Solanaceae）番茄属中以成熟多汁浆果为产品的草本植物。果实营养丰富，具特殊风味。每 100 克鲜果含水分 94 克左右、碳水化合物 2.5～3.8 克、蛋白质 0.6～1.2 克、维生素 C 20～30 毫克，以及胡萝卜素、矿物盐、有机酸等。可以生食、煮食、加工制成番茄酱、汁或整果罐藏。番茄是全世界栽培最为普遍的果菜之一。美国、苏联、意大利和中国为主要生产国。在欧、美洲的国家、中国和日本有大面积温室、塑料大棚及其他保护地设施栽培。

1. 设施栽培茬口安排

目前，设施番茄生产以日光温室和塑料大棚栽培为普遍，按栽培季节可分为塑料大棚春提前（图 8-1）、塑料大棚秋延后、日光温室秋冬茬、日光温室冬春茬、日光温室早春茬（图 8-2）和小拱棚春早熟 6 种茬口（表 8-1）。

图 8 - 1　塑料大棚春提前番茄

表 8 - 1　北方地区设施番茄栽培茬次表

茬　次	播种期	定植期	采收期
温室秋冬茬	7月下旬至8月中旬	9月上中旬	11月上旬至翌年1月下旬
温室冬春茬	9月上旬至10月上旬	11月上旬至12月上旬	1月上旬至6月下旬
温室早春茬	12月上旬	2月上旬至3月上旬	4月中旬至7月上旬
大棚春提前	12月中旬至翌年1月上旬	3月上旬至4月上旬	5月中旬至7月下旬
大棚秋延后	6月上旬至7月中旬	7月上旬至8月上旬	9月上旬至11月下旬
小棚春早熟	1月上旬至2月上旬	3月下旬至4月下旬	5月中旬至8月下旬

2. 优良品种选择

优良品种的选择除了考虑丰产性、优质性、抗逆性、抗病性

图 8－2　日光温室早春茬番茄

等性状外，还应该根据不同的茬口选择适宜的优良品种。日光温室冬春茬栽培应选择在低温弱光条件下坐果率高、果实发育快、果个较大、商品性好的中晚熟品种。如 L－402、中杂 9 号、毛粉802、佳粉 15、浙粉 202 及以色列的秀丽、加茜亚和荷兰的百利系列等品种。日光温室秋延后栽培对抗病、丰产、耐热性能要求更高，可选用无限生长类型的毛粉 802、中蔬 4 号等，选择抗病毒病、耐热、结果集中的早熟品种或抗病性较强的中晚熟品种，但要注意早打顶，控制留果穗数，以保证能正常成熟。塑料大棚春早熟应选用耐弱光、耐寒、抗病、耐寒、丰产的、结果集中的早熟或中早熟品种。春提早栽培选用早熟品种，如西粉 3 号、早丰、合作 908、航育太空 9 号、鲜丰、双抗 2 号、佳粉 10、L－

402、沈粉 1 号、苏抗 9 号等。塑料大棚春提前栽培应选择前期耐低温、弱光，后期耐热，抗病性好，早熟品种如浙粉 702、蒙特卡罗、中研 988。

3. 定植技术

清洁田园，深翻细耙。如土壤肥力差，要先铺施有机肥再深翻，可在定植前一周每亩撒施优质农家肥 6 000 千克，深翻 40 厘米，使粪土混合均匀，耙平。

高垄定植，膜下暗灌。在每一定植行下开沟（间距 1.1 米），沟深以 30 厘米为宜，每亩施农家肥 5 000 千克，磷酸二铵 20 千克，合垄在施肥沟上方做成 80 厘米宽，15 厘米高的小高畦。提前 20 天扣好棚"烤地"，定植前最低地温要稳定在 12℃，提前装好滴灌，铺好地膜带土坨定植，定植深浅合适（与畦面平齐或略高）大行距 80 厘米，小行距 50 厘米，株距 33 厘米。在畦中间开小沟，用于后期膜下灌水，即膜下小沟暗灌。定植后，整平垄台刮光垄壁，覆盖地膜将苗引出，浇足定植水。

4. 温光管理技术

（1）温度管理。缓苗期闭棚升温，高温高湿条件下促进缓苗，温度超过 30℃ 时可回苦降温。缓苗后温度按照 20～25℃（日）/13～17℃（夜）进行管理。开花坐果期采用"四段变温管理"，即上午 25～28℃，促进植株的光合作用；下午光合作用减弱，20～25℃；前半夜 15～20℃，促进同化物运输；后半夜 10～12℃，抑制呼吸消耗。果实膨大期调节最适宜番茄生长的温度白天 23～30℃，夜间 15～18℃，促进番茄植株健壮生长。

（2）光照管理。番茄对光照要求较高，生产中要采取措施增加光照。主要是塑料薄膜要选用新的，并要经常清洁塑料薄膜；采用地膜覆盖，白色地膜既增温，前期又可增光；适当稀植，增加单株光照；张挂反光幕，适当早揭草苫子和晚盖草苫子，以增加光照时间；及时整枝打杈，摘掉老叶、病叶及挡光严重的叶片。冬季日照短，应早晚适当补光，可用日光灯、高压汞灯等偏兰紫的灯光补充光照。

5. 水肥管理技术

施肥主要以基肥为主，在第一穗果采收以前基本不再施肥，当第一穗果正开始采收，第二穗果已较大时要开始结合灌水进行第一次追肥，一般每亩追施尿素 25 千克、过磷酸钙 25 千克或磷酸二铵 15 千克。第三穗果采收时再追一次肥。第五穗果采收时追第三次肥，每次追肥方法和数量同前。番茄冬季生产水分管理，开始时浇足定植缓苗水。低温弱光时期如不特别干旱，尽量不浇水。当温光条件转好时，灌水量要逐次加大，一般每周灌一次水。冬季应采取膜下暗灌。3 月以后每 10～15 天浇一水，大小畦齐浇。浇水应该在晴天的上午进行。

6. 植株调整技术

（1）整枝技术。番茄的整枝技术一般采用单干整枝和多穗单干整枝。单干整枝是除主干以外，所有侧枝全部摘除，留 3～4 穗果，在最后一个花序前留 2 片叶摘心，生长期短的栽培茬口可以采用。多穗单干整枝每株留 8～9 穗果，2～3 穗成熟后，上部 8～9 穗已开花，即可摘心。摘心时花序前留 2 片叶，打杈去老叶，减少养分消耗。为降低植株高度，生长期间可喷布两次矮壮素，生长期长的栽培方式可以选择采用。

（2）吊蔓技术。对应种植行拉吊绳钢丝，在距地面 20 厘米处，顺种植行再拉一根钢丝。吊蔓时将吊绳上端固定在吊绳钢丝上，下端成 45°～60°、斜向拉紧固定在下面的钢丝上。然后把番茄茎蔓直接盘绕在吊绳上，无须再拴在茎秆上。这样不仅可以避免"勒伤"茎秆，而且在落蔓时，操作起来也很方便。

（3）摘心技术。番茄植株生长到一定高度，结一定果穗后就要把生长点掐去，称作摘心。有限生长类型西红柿品种可以不摘心。一般早熟品种、早熟栽培、单干整枝时，留 3～4 穗果实摘心；晚熟品种、大架栽培、单干整枝时，留7～9穗果实摘心。为防止上层果实直接暴晒在阳光下引起日灼病，摘心时应将果穗上方的2片叶保留，遮盖果实。为防止西红柿病毒的人为传播，在田间作业的前1天，应有专人将田间病株拔净，带到田外烧毁或深埋。作业时一旦双手接触了病株，应立即用消毒水或肥皂水清洗，然后再进行操作。

（4）摘叶技术。结果中后期植株底部的叶片衰老变黄，说明已失去生长功能需摘去。摘叶能改善株丛间通风透光条件，提高植株的光合作用强度，但摘叶不宜过早和过多。

（5）疏花疏果。为使番茄坐果整齐、生长速度均匀，可适当进行疏花、疏果。留果个数大果型品种每穗留果3～4个；中型留4～5个。具体措施第一次，每一穗花大部分开放时，疏掉畸形花和开放较晚的小花；第二次，果实坐住后，再把发育不整齐，形状不标准的果疏掉。

（6）保花保果。使用番茄授粉器加强授粉，它的原理是通过授粉器振动使花粉自然飘落到花柱上而达到授粉的目的。番茄授粉器与传统的授粉方式相比，具有以下优势：安全性高，降低激素污染，减少了农药的使用；促进坐果，提高产量，使用授粉器的平均坐果率可达80%上；提高果实品质，果实均匀整齐，无空心果和畸形果，产量高、品质好。与激素处理相比效率提高4倍。

7. 采收

番茄的果实按成熟度可分为绿熟期、转色期、成熟期和完熟期。日光温室冬春茬番茄栽培从开花到果实成熟需要70～80天。采收后需长途运输1～2天的，可在转色期采收，此时果实大部分呈白绿色，顶部变红，果实坚硬，耐贮运。如采收在当地销售的，可在成熟期采收，此时果实1/3变红，果实未软化，口感最好。番茄采收要在早晨或傍晚温度偏低时进行。中午前后采收的果实，含水量少，鲜艳度差，外观不佳，同时果实的体温也比较高，不便于存放，容易腐烂。果实要带一小段果柄采收。采收下的果实要按大小分别存放。樱桃番茄结果数多，成熟期不一致，可成熟1个采收1个，也可成串采收。

（二）辣椒设施生产技术

辣椒是在果菜类中最省工、投资最少的蔬菜之一。同时，采收时间长，采收又较灵活，价格相对较高和稳定。辣椒的种植技术较易掌握，通过培训、实习及科技示范，很快能掌握其栽培技术，适于规模化种植。

1. 栽培茬口

当前辣椒的设施栽培主要是塑料大棚春提前（图8-3）和秋延后栽培、日光温室秋冬茬、越冬茬和冬春茬（图8-4）栽培。具体时间见表8-2。

表8-2 北方地区设施辣椒栽培茬次表

茬次	播种期	定植期	收获期
日光温室秋冬茬	8月上旬	9月上中旬	11月上旬至翌年2月上旬
日光温室冬春茬	10月中旬至11月上旬	1月上旬至2月上旬	3月上旬至7月上下旬
日光温室越冬茬	9月上旬	10月中下旬	12月下旬至7月中旬
塑料大棚春提前	1月上中旬	3月下旬至4月上旬	5月中旬至7月上旬
塑料大棚秋延后	7月中下旬	8月下旬	10月下旬至12月下旬

2. 品种选择

秋延后栽培需要选择选用耐热、抗旱、抗病毒病（疫病）能力强、果实大且坐果集中、耐贮运、红熟速度快、红色颜色深、适销对路的品种，如辣味型灯笼椒品种有江蔬7号辣椒、苏椒5号；辣味型牛角椒品种有江蔬2号椒、江蔬3号椒、江蔬9B牛角；甜椒品种有苏椒13号。另外，湘研13号、洛椒98B、汴椒1

图 8-3 塑料大棚春提前辣椒

图 8-4 日光温室冬春茬辣椒

号、中椒 5 号等。提前栽培应选择早熟、中早熟、中熟品种，具有前期坐果集中，果实商品性好，抗病毒（TMV、CMV）、疫病能力强，抗日烧病，果实品质好，果大，黄绿色，果面光滑，肉较厚等优良性状品种，如中椒 108、国禧 105、江蔬 2 号、江蔬 2 号、苏椒 13 号。越冬茬宜选用耐低温、弱光、抗病性强的品种，如农大 3 号、农大 24 号、农大 26 号。

3. 定植技术

（1）定植前准备。定植前做好灌排沟渠，要短灌短排，有利于土壤湿度均匀。排水沟要沟沟相通，浇水、下雨时田间不积水。坚持重茬地土壤消毒，每亩用 50% 多菌灵 1 千克，70% 甲基托布津 1 千克，加 80% 敌敌畏 250 克对细干土 100 千克闷 24 小时，然后均匀撒入畦面。施足基肥，每亩施腐熟畜粪肥 3 500 千克，充分腐熟的豆饼 100 千克，硫酸钾 8 ~ 10 千克，复合肥 20 千克。

（2）定植。定植时期，原则上地温不能低于 12℃，秋冬茬一般在 9 月上中旬，冬春茬定植在冬用型温室里，温度一般能满足要求，越冬茬定植时温度较高，重点注意定植苗子的规格（定植苗子的第一分枝的第一花蕾处于即将开放状态，定植后 1 ~ 2 天就能开放，选阴天或晴天 17 时后定植。宽行 50 厘米，窄行 40 厘米，株距 30 ~ 33 厘米，亩约栽 4 500 株。定植时尽量保持根系完整，有利于定植后的缓苗生长，方法可以采用暗水定植又称"坐水栽"或"水稳苗"，但缓苗水提前浇，且水量加大；也可以采用明水漫灌即先栽苗，再统一浇水。

4. 温光管理技术

（1）温度管理。定植后的 5 ~ 7 天是缓苗期，要求密封温室高温高湿促缓苗，白天可以超过 30℃，晚上尽量保温，达到 18 ~ 20℃，地温 20 ~ 23℃，空气湿度控制在 70% ~ 80%。缓苗期后日温控制在 25 ~ 30℃，夜温 17 ~ 20℃，地温 18℃以上。温度对辣椒的生育结果有重要的影响，地温低于18℃产量会受到影响，低于13℃会出现单性结实，出现僵果，产量受到严重影响。开花结果期最好采用四段式变温管理，白天上午23～28℃、下午25～26℃，夜间前半部分22～23℃、后半部分16～18℃，地温稳定在20℃以上。

（2）光照管理。辣椒比一般果菜类需光量低，较耐弱光，怕暴晒，补偿点在蔬菜中近于最低，饱和点近于最高，适合于塑料大棚或日光温室栽培，光照管理要根据栽培茬口光照状况和所处的生育阶段的需光情况，采取相应的措施。春提前栽培在果实采收期处于夏季光照过强，易发生病毒病和日烧病等，需采用一定的遮阴保护，一般适度遮阴（遮光30%）有利于提高产量和质量。冬春茬和越冬茬光照状况不好，要经常清洗塑料薄膜和采用地膜覆盖来增加光照。

5. 水肥管理技术

辣椒根系不发达，不耐旱，又不耐涝，要求湿润的土壤环境。辣椒又怕积水，如果辣椒淹水数小时，根系缺氧窒息，植株就会萎蔫，甚至成片死亡，水分管理时既不能缺水，又不能长时间大水漫灌形成积水。

（1）秋冬茬。定植时浇足底水，缓苗期可不浇水。深冬季节有缺水现象时，在小行间地膜下浇水，浇水量要小，每15天左右浇1次，2月中旬以后，浇水次数逐渐增加，10～12天浇1次水。5月中旬以后，每7～8天浇1次水，且浇水量要充足。门椒坐住以后，结合浇水追一次肥，每亩追施尿素15千克，进入盛果期，结合浇水每隔20天左右追肥1次，每次每亩施用磷酸二铵15～20千克和硫酸钾10千克。结合喷药可用0.2%的磷酸二氢钾进行叶面追肥。

（2）冬春茬。定植初期水浇得不要太大，以免降低地温，待门椒迅速膨大时，正是辣椒生长最旺时期，及时浇水追肥，每亩追复合肥 30 千克，进入盛果期土壤要保持经常处于湿润状态，相对湿度 70% ~ 80% 为宜，抑制病毒病的发生与发展。

（3）秋延后（拱棚）。门椒膨大前，应控制肥水。门椒采收后，根据田间长势，一般采收 1 ~ 2 次果实就追肥 1 次，每亩追施有机肥 100 千克，全面补充养分。栽植缓苗后根据土壤湿度浇水，但禁止大水漫灌，开花时不能大浇，如遇干旱，应在开花前或坐果后浇水，第一果坐稳后，可结合浇水追施肥料，以促进果实膨大。

6. 植株调整技术

（1）整枝技术。

抹除腋芽：为增加透光，减少养分消耗，促进果实成熟，门椒采收前，及时打掉门椒以下部位的侧枝和腋芽。

摘除老叶：生长中后期要打掉基部的老叶、病叶、黄叶，以减少病害和增加地面及下部的光照。

修剪：对枝间距短、拥挤重叠的枝条，必须疏除一部分枝条，以打开光路；对于徒长枝，坐果率低，消耗营养多应及时疏除，如密度过大，在对椒上发出的两杈中留一杈去一杈，控制生长。

（2）保花保果。甜椒与晚熟品种辣椒，如氮肥偏多，密度过大，特别是用地膜覆盖栽培的易徒长落花。防止措施是：控制氮肥；采收时适当留一部分果实以抑制茎叶生长；早期温度低开的花可喷浓度 25 ~ 30 毫克/千克的防落素，注意避免喷到嫩头上；翻动叶片，促进株间空气流通。

7. 采收

青椒以嫩果为产品，一般果实充分肥大，皮色转浓，果实坚实而有光泽时采收为好，黄、红、橙色的品种，在果实完全转色时采收；白色、紫色的品种在果实停止膨大，充分变厚时采收。门椒、对椒及病秧果应提早采收。采收前 7 天，不要喷杀虫剂，以保证果实洁净。采收方法一般用剪刀或小刀从果柄与植株连接处剪切，不可用手扭断。

（三）茄子设施生产技术

茄子又名落苏、酪酥、昆仑爪等，为茄科茄属以浆果为产品的一年生草本植物。原产于东南亚、印度，喜温、光，不耐霜冻，茄子在我国南方可以一年四季生长，只要温度、光照、水分、肥料等环境条件适宜，就可以一直开花结果。目前，我国北方地区广泛采用的地膜覆盖、塑料大中小棚、日光温室、遮阳网等设施，使茄子周年生产成为可能，同时产量得到提高，经济效益显著。

1. 茬口安排

茄子的生长期和结果期长，全年露地栽培的茬次少，北方地区多为一年一茬，早春利用设施育苗，终霜后定植，早霜来临时拉秧。近年来，北方地区设施茄子栽培发展很快，在一些地区已形成了规模化的温室、大棚茄子冬春茬、中棚、小拱棚春提前生产（图8-5、图8-6、图8-7、图8-8），取得了较高的经济效益。茄子设施生产秋、冬、春季均可进行生产。各茬的生产历程见表8-3。

表8-3 茄子日光温室不同茬口栽培历程表

茬次	育苗时间	定植期	日历苗龄（天）	收获期
秋冬茬	7月中下旬	8月下旬至6月上旬	35至40	11月上旬至翌年1月下旬
冬春茬	10月下旬至11月上旬	1月下旬至2月上旬	80~100	3月上旬至6月下旬
越冬茬	8月下旬至9月上旬	10月上中旬	50~55	12月上旬至6月下旬

图 8-5 塑料中棚春提前茄子

图 8-6 塑料大棚春早熟茄子

图 8-7　塑料小拱棚春提前茄子

图 8-8　日光温室多层覆盖冬季茄子育苗

2. 优良品种选择

品种选择一方面要考虑温室冬春季生产应选择耐低温、耐弱

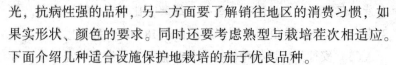

光，抗病性强的品种，另一方面要了解销往地区的消费习惯，如果实形状、颜色的要求。同时还要考虑熟型与栽培茬次相适应。下面介绍几种适合设施保护地栽培的茄子优良品种。

（1）布利塔长茄。是由荷兰瑞克斯旺公司培育的高产抗病耐低温优良品种。该品种植株开展度大，花萼小，叶片中等大小，无刺，早熟，丰产性好，生长速度快，采收期长。适应于冬季温室和早春保护地种植。果实长形，果长 25～35 厘米，直径 6～8 厘米，单果重 400～450 克。果实紫黑色，质地光滑油亮，绿把、绿萼，比重大，味道鲜美。货架寿命长，商业价值高。周年栽培亩产 18 000 千克以上。

（2）尼罗。是由荷兰瑞克斯旺公司培育的高产抗病耐低温优良品种。该品种植株开展度大，花萼小，叶片小，无刺，早熟，丰产性好，采收期长。适应于冬季温室和早春保护地种植。果实长形，果长 28～35 厘米，直径 5～7 厘米，单果重 250～300 克。果实紫黑色，质地光滑油亮，绿把，绿萼，比重大，味道鲜美。货架寿命长，商业价值高，周年栽培亩产 16 000 千克以上。

（3）爱丽舍。是荷兰瑞克斯旺（中国青岛）种苗公司培育的高产、早熟、商品性好的茄子新品种。该品种植株开展度大，花萼小，叶片小，萼片无刺，早熟，丰产性好，采收期长。适应于冬季温室和早春保护地种植。果实长形，果长 35～40 厘米，直径 5～7 厘米，单果重 300～350 克。果实紫黑色，质地光滑油亮，绿把、绿萼，比重大，味道鲜美。货架寿命长，商业价值高，周年栽培亩产 18 000 千克以上。

（4）东方长茄（10－765）。是荷兰瑞克斯旺种苗公司培育的高产、早熟、抗病性好的茄子新品种。该品种植株开展度大，花萼中等大小，叶片中等大小，萼片无刺，早熟，丰产性好，生长速度快，采收期长。适应于冬季温室和早春保护地种植。果实长形，果长 25～35 厘米，直径 6～9 厘米，单果重 400～450 克。果实紫黑色，质地光滑油亮，绿把、绿萼，比重大，味道鲜美。货架寿命长，商业价值高。周年栽培亩产 18 000 千克以上。

（5）安德烈。该品种植株生长旺盛，开展度大，花萼小，叶片中等大小，萼片无刺，早熟，丰产性好，采收期长，可适应不同季节种植。果实灯泡形，直径 8~10 厘米，长度 22~25 厘米，单果重 400~450 克，果实紫黑色，绿把、绿萼。质地光滑油亮，比重大，果实整齐一致，味道鲜美。货架寿命长，商业价值高。周年栽培亩产 15 000 千克以上。

（6）极品快圆茄。由日本引进选育而成的早熟大果圆茄品种。果皮紫黑油亮，着色好，有光泽，果实圆形略扁，单果重 700 克左右，肉质洁白细腻，口感绵甜，略带香味，果肉含籽少，可食性高，商品性状极佳。门茄着生第六节，株高 80 厘米，开展度 60 厘米，生长势强，抗多种茄果类病害，亩产可达 8 000 千克左右。适宜我国大部分地区温室越冬、秋延迟及早春保护地栽培，是目前最理想的栽培品种。

（7）ID141。从荷兰及中国台湾引进亲本并加以改良的一代杂交品种。特征特性：全年都可栽培，抗病力强，易栽培，定植后约 50 天即可采收，每棵产量约 20 千克，果长可达 30 厘米，直径达 5~7 厘米，单果重 600~800 克。果皮为紫色，有乌金光泽，采摘后 7~10 天不退色，肉籽如芝麻，甚为美观，果形棒状，上下均匀，萼片成熟后为绿色。保护地一般做秋延后栽培，10 月下旬播种，11 月下旬移栽，翌年 1~2 月开始采收；株行距 60 厘米×150 厘米，株高 80~100 厘米，每亩 800~1 000 株，用种量 20 克。注意搭竿固定防止动摇。枝叶过于旺盛时，需摘除一些老叶，保护通风透光。

3. 定植技术

（1）整地施肥。大棚前茬作物收获后，应及时清除残株杂草，深翻耙平，亩施农家肥 5 000~7 000 千克，过磷酸钙 15~20

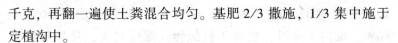

千克，再翻一遍使土粪混合均匀。基肥 2/3 撒施，1/3 集中施于定植沟中。

（2）定植技术。定植前 7 ~ 10 天，将棚膜扣上，用高温闷棚，杀死病菌和病虫卵，采用小高垄栽植。早熟品种行距 50 厘米，株距 30 ~ 40 厘米。每亩植 3 000 ~ 3 500 株；中晚熟品种行距 60 厘米，株距 40 ~ 50 厘米，每亩可植 2 200 ~ 3 000 株。定植前 1 ~ 2 天，育苗畦内浇水，待水渗下后，按 8 厘米 × 8 厘米大小切块，待土块干湿相宜时起坨定植。在栽苗处培成高 15 ~ 20 厘米，宽 30 ~ 40 厘米的小垄。定植深度以土坨表面低于垄面 2 厘米为宜。定植后覆膜，按苗处于膜的位置挖洞，把幼苗从洞中掏出，把膜洞周围压紧盖严，立即浇水。浇水时将地膜一端支起，使水从沟膜下流进，将垄浇透，以利于缓苗。

4. 温光管理技术

（1）温度管理。缓苗期闭棚升温，高温高湿条件下促进缓苗，缓苗后白天气温控制在 25 ~ 30℃，白天超过 30℃放风，降到 25℃以下缩小放风口，20℃时关闭风口。白天最低温度保持在 20℃以上；夜间 16 ~ 20℃，夜温最好能保持 15℃左右，凌晨不低于 10℃；开花期白天气温 25 ~ 30℃，前半夜 18 ~ 22℃，后半夜 16 ~ 18℃，土壤温度在 15℃以上，以 22℃左右最好，白天 33℃时通风换气；结果期采用四段变温管理，即上午 25 ~ 28℃，下午 20 ~ 24℃，前半夜温度不低于 16℃，后半夜温度控制在 10 ~ 15℃。

（2）光照管理。茄子喜充足阳光，光照弱或光照时数短，光合作用能力降低，植株长势弱，短柱花增多，果实着色不良。尤其是在开花期要注意采用补光措施，如挂反光幕、清洗薄膜表面、采用无滴膜和安置植物补光灯等。

5. 水肥管理技术

（1）水分管理。茄子耐旱不耐涝，适宜土壤湿度为田间最大持水量的 70% ~ 80%，适宜空气相对湿度为 70% ~ 80%。棚内干燥时，植株生长缓慢；湿度过大，易导致病害的发生蔓延。

定植时浇足"定植水"，缓苗走根时需保持土壤湿润，到第一朵花开放时要严格控制浇水。在果实坐稳后，开始生长发育时，俗称"瞪眼"时，要及时浇一次"稳果水"以保证幼果生长；在果实膨大期，生长最快需水最多，应重浇一次"壮果水"，以促进果实迅速膨大；至采收前 2 ~ 3 天，还要轻浇一次，促使果实在充分长大的同时，保证果皮鲜嫩，具有光泽，以后在每层果实发育的始期、中期及采收前几天，都按此要求及时浇水，以保证果实生长发育的连续性，但每次的浇水量必须根据当时的植株长势及天气状况灵活掌握。一般冬季要在晴天的上午浇水，阴天以及晴天的下午严禁浇水，否则不仅地温回升慢，根系容易受害，而且温室内的空气湿度长时间偏高，也容易引发病害。浇水后的几日内要加强温室内的通风。垄沟的浇水量要适中，不要让水淹没苗茎的嫁接部位。

（2）施肥管理。茄子以嫩果为产品，采收量大，产量高，要勤施肥。要求有机肥与化肥交替施肥，化肥以复合肥为最好。门茄膨大时开始追肥，每亩施三元复合肥 25 千克，溶解后随水冲施，对茄采收后每亩追施磷酸二铵 15 千克、硫酸钾 10 千克。每周喷施 1 次磷酸二氢钾等叶面肥。

寒冬时晴天上午 9 ~ 11 时进行二氧化碳施肥，适宜浓度为 600 ~ 800 毫克/千克。方法是：每隔 10 米放置 1 个塑料桶或罐头瓶等耐酸的容器，容器放在高于茄子生长点的位置，将配好的稀硫酸（1.2 千克浓硫酸慢慢倒入 4.8 升水中，边倒边搅拌配成稀硫酸），分装于各个容器中，再按 3 千克稀硫酸液对 1 千克碳酸氢铵的比例，将碳酸氢铵放入容器内，接上带小孔的塑料管，将塑料管悬挂在温室中，向温室中施放二氧化碳。

6. 植株调整技术

（1）双杆整枝法。采收对茄瞪眼后，在着生果实的侧枝上，果上留 2 片叶摘心，放开未结果枝，反复处理四母斗、八面风的分枝，只留两个枝干生长，每株留 5～8 个果后在幼果上留 2 片叶摘心。整枝要安排在晴天的上午进行，下午以及阴天整枝后侧枝的疤口不容易愈合，容易感染病菌而发病。另外，整枝时不要将侧枝紧靠结果枝干抹掉，要留下 1 厘米左右长的短茬，使疤口远离主干，避免主干发病，同时要注意整枝前用浓肥皂水洗手，防治传染病害。

（2）打去老叶。茄子的老叶容易发病，要及早摘掉，发病严重的叶片也要及早打掉。定植初期，保证有 4 片功能叶；门茄开花后，花蕾下面留 1 片叶，再下面的叶片全部打掉；门茄采收后，在对茄下留 1 片叶，再打掉下边的叶片。打叶时要用剪刀从叶柄的基部留下约 1 厘米长的叶柄将叶片剪掉，不要紧靠枝干劈下叶片，以免劈裂主茎以及留下的伤口染病后直接伤害枝干。

（3）保花保果。茄子的花有长柱花、中柱花、短柱花之分，长柱花容易受精坐果，而中、短柱花不容易坐果。在光照、营养条件好时长柱花多，中、短柱花少。所以，促进坐果最根本的方法是提高管理水平，使秧苗长得壮实。同时也可以用 30～50 毫克/千克的 PCPA 植物生长素喷在花上促进坐果。

（4）吊枝。茄子吊枝可以让选留的结果枝干在室内空间均匀分布，保持田间良好的透光性；同时让枝条向上生长，避免坐果后果实将枝条压弯。当茄子株高 1.3 米以上时，要及时吊绳，以防茄秧倾斜，倒折，影响产量。

7. 采收

（1）采收标准。"茄眼睛"消失，也就是近萼片处果皮色泽和白色环带由亮变暗，由宽变窄时，单果重 250 克左右时采收。

（2）采收时间。选择下午或傍晚采收。上午枝条脆，易折断，中午含水量低，品质差。

（3）采收要求。最好用剪刀采收，以防止折断茎秆或拉掉果柄。应在施药、浇水、追肥前集中全面采收。采收前 1～2 天进行农药残留检测，合格后及时采收，分级包装上市。为保持产品鲜嫩，最好每个茄子都用纸包装，运输时注意保温。

二、叶菜类蔬菜

叶菜类蔬菜是指以植物肥嫩的叶片、叶柄或嫩茎作为食用部位的蔬菜。按栽培特点分为普通叶菜、结球叶菜和香辛叶菜 3 种类型，常见的叶菜类蔬菜有油菜、生菜、芹菜、茼蒿、菠菜、韭菜等。他们具有适应性强、品种资源丰富、生长期短、生长速度快、播种期和采收期灵活等特点，在蔬菜的周年供应中占有重要地位。

（一）油菜设施生产技术

油菜是十字花科的速生叶菜类蔬菜，颜色深绿，菜帮如白菜的帮子，属十字花科白菜的变种，风味清新，食用方法多样，深受人们的喜爱。在我国的西北、华北和长江流域都有大面积栽培，近几年设施油菜生产面积迅速扩大，小拱棚秋茬栽培和大拱棚越冬栽培基本实现了油菜的周年供应。

1. 茬口安排

小油菜生长期短，生长迅速，性喜冷凉，适应性广，在我国大部分地区可以四季栽培。目前，栽培茬口主要有小拱棚春提前、大棚秋延迟和多层覆盖越冬茬等。具体各茬的生产历程见表 8-4。

表8-4　油菜不同茬口栽培历程表

茬次	育苗时间	定植期	收获期
春提前	1月上中旬（阳畦）	3月上旬	5月上旬
秋延迟	9月上旬	10月下旬	12月上旬
越冬茬	10月上旬	11月上旬	3月上旬

2. 选择优良品种

油菜栽培时应选择叶大、抗倒伏、茎秆浓绿，植株高22～25厘米，粗纤维含量低口感好，耐寒、抽薹迟的优良品种。

（1）苏州青。株高和开展度30厘米，叶片近圆形，叶色绿，表面光滑，叶柄扁平较肥厚，单株重75克左右，抗病、耐寒、抽薹晚。生长期50～60天，施足底肥，及时追肥，行株距离18厘米×15厘米，每亩约栽植万株，亩产2 000千克左右。

（2）四月慢。植株直立，束腰。株高20～24厘米，开展度30～35厘米。菜头直径9～10厘米。叶片卵圆形，叶长12～15厘米，宽10～13厘米，深绿色。叶面平滑，较厚，全缘。单株重50～70克。每亩产量3 000千克左右。耐寒性较强，抽薹晚，早春不易抽薹。粗纤维少，品质较好。

（3）五月蔓。五月蔓油菜植株较粗壮，株高25～30厘米，开展度30厘米左右。叶片为倒卵型，绿色，叶面光滑。早熟丰产，耐寒性强，早春不易抽薹。该品种适应性广，可适用设施生产栽培，主要以春播为主。叶肉厚，质鲜嫩，品味佳，纤维少。

（4）春田1号。属春大棚和春露地栽培专用品种，亦可在秋季种植。冬性强，不易抽薹，株型直立，抱合紧凑，束腰，叶色淡绿，叶面平展。叶柄较长、淡绿色。较抗霜霉病。风味优良，柔性好。每亩产量4 000千克以上。

（5）春华1号。是适于越冬及早春栽培的一代杂交种，冬性较好，抗寒耐病，晚抽薹并且生长迅速。株高约20厘米，开展度30厘米左右，叶柄宽约5厘米。束腰，株形优美，帮叶青绿色，油亮无蜡粉，质地柔嫩，口感上乘。商品性状较其他冬性强的品种（包括其他杂交一代）突出表现优化和改良。单株重约0.25千克，亩产2 500千克左右。

（6）春秀。春秀青梗油菜是最新推出的适于越冬及春季栽培的一代杂交种，冬性好，抗寒，抽薹晚，生长迅速，株高约16厘米，均为青绿色，叶深绿色，油亮无蜡粉，质地柔嫩，口感上乘，商品性状优良。单株重约0.25千克，亩产2 500千克左右。

3. 播种育苗

播种前一周施肥整地做畦，亩施优质腐熟有机肥2 000 ~ 3 000千克、腐熟鸡粪1 000千克。施肥深翻后整地做畦，扣膜烤畦。选择晴朗无风的天气，上午揭膜播种，浇足底水，水渗后撒播种子，每个标准畦（0.05亩）用种量100克。播后覆盖0.5厘米厚细干土，严密盖膜，夜间加盖草苫，幼苗出土后再覆盖0.5厘米细干土。幼苗出土前不通风，草苫晚揭早盖，保持畦温20 ~ 25℃。出苗后适当通风，降低畦温，白天保持15 ~ 20℃，夜间10℃，草苫早揭晚盖，幼苗适当多见光。1片真叶和2 ~ 3片真叶时间苗，1片真叶时苗间距是2 ~ 3厘米，2 ~ 3片真叶时苗间距是4 ~ 5厘米。移栽前5 ~ 6天降低畦温，锻炼幼苗，准备定植。

4. 定植技术

定植时的苗龄一般30 ~ 40天为宜，苗高10 ~ 15厘米、5 ~ 6片叶时定植为宜。定植的适宜密度是株行距采用16厘米×16厘米至22厘米×22厘米。开穴定植、定植后及时浇水盖膜。要做到行栽直、根栽稳、棵栽正，边起苗、边移栽、边浇水，大小苗要分栽，要栽新鲜苗。

5. 温光管理技术

油菜喜冷凉气候，在春提前和秋延后栽培时用小拱棚或大拱棚设施覆盖，一般都能满足生长需要。白天适宜温度控制在20 ~ 25℃，不高于25℃，超过25℃及时放风，低于20℃封闭提温；

夜间 5~10℃ 为宜。越冬茬要采取多层覆盖或加温措施，达到上述温度要求。

6. 水肥管理技术

（1）水分管理。定植后浇一次定植水，7~10 天后浇一次缓苗水。在幼苗期，如阳光较强，必须保持每天淋水 3 次，即早晚淋水和中午 11~12 时淋过午水，以保证植株正常生长。生长期的拱棚内一般 4 天左右浇水一次。

（2）施肥管理。小油菜生长期短，在种植前必须施足基肥。追肥一般在定植后 3 天或直播地苗龄 15 天后开始施用，一般每 6~7 天追一次，整个生长期一般追肥 3~4 次。第一次、第二次可用较稀薄的肥水，以后每亩用 30~40 千克复合肥淋施或撒施，最后一次要在植株封行前进行。

7. 采收

采收前 15 天要浇一次水，施一次肥，促使油菜快速生长。采收时先把油菜基部的枯叶去掉，用小刀在油菜叶柄和根基部的交界处，进行切割。采收的新鲜洁净的油菜茎叶，装入纸箱或塑料袋中，注意采取保鲜措施。

（二）生菜设施生产技术

生菜属菊科莴苣属。为一年生或二年生草本作物。原产欧洲地中海沿岸，由野生种驯化而来。生菜富含水分，生食清脆爽口，特别鲜嫩，还含有蛋白质、碳水化合物、维生素 C 及一些矿物质。生菜以含热量低而倍受人们喜爱。生菜属半耐寒性蔬菜，喜冷凉湿润的气候条件，不耐炎热。夏季炎热的地区，秋季栽培时要注意苗期采取降温措施。要实现周年供应，需要采用露地、保护地相结合的方式生产，基本上可满足全年的需求。

1. 栽培茬口

根据生菜性喜冷凉、忌高温的特点，除春、秋两季露地栽培外，在遮阳条件下，如利用遮阳网或与高秧蔬菜作物间作的方式，生菜也可在夏季种植。随着蔬菜大棚的发展和种植经济效益的提高，可在冬暖式大棚中进行深冬、早春保护地栽培，效果良好，育苗期需 30～40 天，从定植到收获需 60 天左右（图 8-9）。可根据市场需要采收，因此，播种时间较灵活，若在元旦至春节期间上市，可于 10 月中下旬播种。生菜不同茬口具体时间安排见表 8-5。

表 8-5　生菜不同茬口栽培历程表

茬次	育苗时间（旬/月）	定植期（旬/月）	收获期（旬/月）
秋冬茬	8 月下旬至 9 月上旬	9 月下旬至 10 月上旬	11 月下旬
早春茬	11 月中下旬	12 月下旬	翌年 2 月下旬
越冬茬	9 月下旬至 12 月下旬	10 月中旬至翌年 1 月上旬	12 月上旬至翌年 3 月下旬

图 8-9　塑料棚中生菜栽培

2. 选择优良品种

要根据不同的茬口选择不同的生菜品种。大棚栽培一般以结球生菜为主，可选择耐寒性强、抗病和适应性强的中晚熟品种。

（1）美国大速生。散叶型生菜，耐寒，可在 12～25℃下正常生长，以 15 ~ 20℃为最适；叶片倒卵型，略皱缩，黄绿色，生长迅速，播种后 40 ~ 45 天成熟，比常规种早十天左右，可终年栽培。品质脆嫩，无纤维，不易抽薹，无病虫害，生长期间，不需打药，单株重 250 ~ 300 克，最大有 400 克。适合冬、春保护地栽培，一般采用育苗移栽。

（2）荷兰结球生菜。中早熟，定植后生育期 55 ~ 60 天，叶片翠绿色，叶缘有少量缺刻，叶球圆形正紧实，顶部较平，单球重 600 克左右。株型紧凑，结球紧实，叶片黄绿，内外较均匀。口感甜脆，中柱较小。耐热性强，耐抽薹，耐顶部烧热。高温条件下注意苗期采用降温措施，一般采用育苗栽培。

（3）玻璃生菜。株高 25 厘米左右，叶簇直立生长，叶片黄绿色，散生，倒卵形，有皱褶，带光泽，叶缘波状，中肋白色，叶群向内微抱，但不紧密。脆嫩爽口，略甜，品质上乘。单株重 300 ~ 500 克，净菜率高。

（4）凯撒。由日本引进的极早熟生菜优良品种。株形紧凑，生长整齐，抽薹晚，球内中心柱极短，基部紧凑，球为高圆形，单球重约 500 克，品质好。生育期 80 天，抗病性强，高温结球性好。适合春秋保护地及夏季露地栽培。定植后 45 ~ 50 天可以收获，每亩产量 1 500 ~ 2 000 千克。

（5）花叶生菜。产自德国，中国农科院最新引进，属于半结球类型，叶为绿色，边缘为紫色，平均单株 550 克，叶肉较厚，质柔嫩，叶略带苦味，品质佳。生育期 60 ~ 70 天，从定植到收获 30 ~ 40 天。适应性较强，抗病虫能力极强，抗寒性较强，能耐 2℃低温，亩产可达 5 000 千克。

（6）千胜生菜。属于结球类型，株型紧凑，长势旺盛。叶片较厚、绿色，叶缘缺刻较少，叶球圆形，单球重 500 ~ 600 克，突出特点是外叶少，叶球整齐，净菜率高，可达 70%。中早熟品种，生育期 80 ~ 90 天。耐寒性好，耐热性差，较耐弱光，抗霜霉病和灰霉病。适宜春季改良阳畦、大棚，秋季露地和保护地、冬季日光温室种植。

3. 播种育苗

生菜种子小，发芽出苗要求良好的条件，因此多采用育苗移栽的种植方法。选择疏松、排水良好的土壤做苗床，播种前7～10天整地施肥，整地要细，力求细碎平整。苗床施用过筛腐熟的农家肥10～20千克/平方米、磷肥0.025千克/平方米，均匀撒施地面，耕翻10～12厘米深，翻耕掺匀整平后踏实。播种前需要在20～25℃的条件下进行种子催芽，每平方米用种量在25～30克，生菜种子喜光，播种不宜过深，播后覆土0.5～1厘米，苗床温度控制在20～25℃，经常保持畦面湿润，4～5天后可出齐苗。出苗后白天温度控制在18～20℃，夜间在8～10℃。幼苗2叶1心时进行间苗，株行距3厘米，到3片真叶时按株行距8厘米×8厘米分苗，当4～6片叶时定植。苗龄为30～40天时即可定植。

4. 定植技术

地块以壤土或沙壤土最适宜，每亩施入充分腐熟的豆饼1 500千克，氮磷钾复合肥40～50千克，氯化钾8～10千克，硫酸铵20～25千克作基肥，再加入辛拌磷15千克，深翻耙细掺匀，然后整成高25厘米、宽70厘米的垄，垄间距30厘米。定植前两天苗畦内浇水，带土起苗，减少伤根，每垄交错栽植2行，株距25～30厘米，栽植深度比原来稍深即可，并立即浇缓苗水。

5. 温光管理

（1）温度管理。移栽后注意大棚保温，采用多层覆盖，控制棚内温度定植初期白天20～25℃，夜间不低于12℃。缓苗后到开始包心前，温度比前一段要稍低，白天15～20℃，夜间不低于10℃。从开始包心到叶球长成，白天保持在20℃左右，夜间15～

20℃。

（2）光照管理。生菜稍耐弱光，但在阳光充足条件下生长较好，光饱和点在2万~3万勒克斯。在拱棚栽培时适当采取增光措施，就能满足生长需要。如遇长期阴雨，必须采取补光措施，才能获得优质高产。

6. 水肥管理

（1）水分管理。幼苗期应保持土壤湿润，切忌忽干忽湿，防止幼苗老化或徒长。定植后浇水一次，定植缓苗后，中耕控水7~10天，促生根防徒长。移栽缓苗后15天左右，浇一次透水。莲座期要控制水分，促进根系纵深生长和莲座叶发育。结球初期和中期保持水分充足，小水勤浇。结球后期要控制水分，防止裂球或裂茎。采收前10天停止浇水，利于收后贮运。

（2）施肥管理。缓苗后结合浇水亩施硫酸铵15千克或尿素10千克，促苗发棵。结球初期和中期进行第二次和三次追肥，施肥量每亩15~20千克硝酸铵，结球生菜生长后期不施肥，以免引起腐烂或裂球。整个生长期可结合防病防虫叶面追肥3~4次。

7. 采收

结球生菜成熟期不一致，应分批采收。采收标准为叶球松紧适中，用手自顶部轻轻压下时叶球稍能承受即可，过松、过早影响产量，过紧、过迟容易裂球和腐烂，降低品质。采收时用不锈钢小刀，自生菜茎基部割下，保留2~3片外部老叶，不要沾土，便于长途运输。

（三）芹菜设施生产技术

芹菜属于伞形科芹属的一二年生草本植物。原产于地中海沿岸的沼泽地带，世界各国已普遍栽培。芹菜性喜冷凉，较耐寒，属于半耐寒性蔬菜；喜中等光强对日照强度要求不严，较耐阴、不耐强光。非常适于设施栽培，可以实现四季供应。

1. 茬口选择

芹菜生长适应性广，适合栽培的设施类型较多，栽培茬口也比较多，基本实现芹菜鲜品的周年供应。下表提供了主要茬口栽培历共生产栽培参考。早春茬栽培播种育苗根据苗龄推算在日光温室内的播种期，在大、中棚地温达到0℃以上时定植，在6月初采收结束（图8-10）。小拱棚短期覆盖栽培在小拱棚15厘米地温达到0℃以上时定植。按60天苗龄推算在阳畦内育苗，露地气温达到0℃以上时撤去棚膜，转为露地栽培。芹菜设施生产具体茬口时间安排见表8-6。

图8-10 日光温室中棚冬春茬芹菜

表8-6 芹菜设施生产主要茬口时间安排表

茬次	播种期（旬/月）	定植期（旬/月）	收获期（旬/月）
温室秋冬茬	7月下旬至8月上旬	9月下旬至10月上旬	12月下旬至翌年2~3月
温室冬春茬	9月上旬	11月上旬	3~4月
大棚秋延后	6月下旬	8月下旬至9月上旬	10月下旬至11月上旬

2. 优良品种选择

要选择耐热抗寒、长势强、抗病、高产、优质的品种。温室栽培宜选用耐低温，抗病性强的实心芹菜品种，实心的植株高

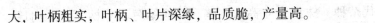

大，叶柄粗实，叶柄、叶片深绿，品质脆，产量高。

（1）津芹 36 号。是天津市科兴蔬菜研究所用西芹与本芹杂交，选育出的新一代芹菜品种。叶片较大、绿色，叶柄光亮、黄绿色，植株高大粗壮紧凑，株高 80 厘米左右，具有本芹的高度，又保持了西芹的叶柄宽厚度，比进口西芹生长速度快，保护地栽培比进口西芹提早 20 天左右收获。每亩产量可达 1.5 万千克，比进口西芹可提高产量 40% 以上。

（2）津南实芹。是津南区选育的优良地方品种，一般株高 90 厘米，植株紧凑直立，基本无分枝，叶柄腹沟深绿色，叶片肥大，组织充实，风味适口，纤维少，商品性好，单株重 250 克。抗性强，既抗寒又耐热，抗斑枯病和病毒病，越冬起身早，生长速度快，适应性广。

（3）高优它。北京农科院从美国引进。植株较大，叶色深绿，叶片较大，横断面成半圆形，腹沟较深，叶柄肥大、宽厚、基部宽 3～5 厘米，叶柄第一节长度 27～30 厘米，植株高 70 厘米，叶柄抱合紧凑，质地脆嫩，纤维少，呈圆柱形，从定植到收获 80～90 天。抗病性较强，对芹菜病毒病、叶柄病和芹菜缺硼抗性较强，每株重可达 1 千克以上，亩产可达 7 000 千克以上。

（4）皇后。法国 Tezier 公司最新培育的早熟西芹品种，株高 80～90 厘米，叶柄长 30～35 厘米，单株重 1.5 千克，淡黄色，有光泽，纤维少，商品性好；株形紧凑，耐低温，不抽薹，抗病性强，产量高，是露地和保护地高效益栽培的换代品种。定植后 70～75 天收获。

（5）美国西芹为洋芹绿色类型。植株高大，株高在 80 厘米左右，叶柄组织细致，质脆充实，实心，叶色深绿，叶柄由上至下青绿，品质好。一般中等大小植株单株重为 300 克左右，最大叶柄长 80 厘米，柄重 54 克。

（6）日本西芹。陕西省蔬菜研究所从日本引入的高产优质一代杂种，株型直立高大，茎、叶淡绿色，叶柄宽，叶肉厚，无筋。第一节间长，心叶生长快，叶色淡，品质极佳，早春抽薹，耐病丰产。单株重 1~3 千克左右，最大 5 千克，亩产产量 8 000~10 000 千克。

（7）佛罗里达 653。中国农业科学院由美国引进。植株高大，紧密茂盛，生长势强，抽薹晚，个头大，叶色深绿，叶柄绿色，株高 75 厘米以上，叶柄第一节长 28 厘米，叶柄有光泽，表面光滑，品质脆嫩，纤维少，味道可口，抗病性强，定植后约 95 天可收获，单株重 1 千克以上，亩产超过 7 000 千克。

3. 播种育苗

芹菜种子细小，种皮革质且具有油腺点，不易吸水，正常情况下出苗率低。必须在播前进行种子处理，提高出芽率。先用 20~30℃温水浸种 12 小时，搓洗 2~3 遍再用温水浸泡 12 小时，捞出沥干。将细河沙浇足水后用 65% 代森锌 600 倍液喷雾，消毒后，使其持水量保持在 45%~50%，把浸泡好的种子，拌入细河沙中，使沙、种混合均匀，置于 15~25℃的地方催芽。

选择地势较高，土质疏松、肥沃的沙壤土地块作育苗床。深耕 20 厘米，整平整细地面后，作凹畦，畦长 7~10 米，宽 1.2~1.5 米，每亩施入充分腐熟的有机肥 6 000 千克，并深翻，使土肥混合均匀。

在整平的苗床上浇足水，水渗透后，将种子均匀撒入苗床，每平方米播栽培种 3~5 克，亩用栽培种 20~35 克，播后覆土 0.3~0.5 厘米。春季盖地膜，夏季覆盖秸秆、树枝等遮阴物，待出苗后除去覆盖物。

第一片真叶展开前，每天早晚各洒水一次，保持畦面湿润；2~3 片真叶展开后可以采用见干见湿的原则进行水分管理。幼苗 2 片真叶时，进行第一次间苗，除去弱苗、杂苗、丛生苗。间苗后施入腐熟人畜清粪水（1∶3），待幼苗 4 片真叶时，进行二次间苗，除去弱苗、杂苗，保持苗距 2 ~ 3 厘米，间苗后每亩施入复合肥 60 千克，3 叶一心时结合补水追施入腐熟人畜粪水（1：1），此时幼苗根系已发育较好，要控制水分，促进根系生长加速幼叶分化。苗期温度白天控制在 15 ~ 20℃，超过 22℃ 及时放风降温，夜间温度控制在 10℃ 左右。

4. 定植技术

冬季栽培应适当增加基肥施用量一般亩施优质土杂肥 5 000 ~ 8 000 千克，过磷酸钙 50 ~ 100 千克，硝酸铵 25 千克，深翻耙平，做成宽 1.2 ~ 1.4 米的平畦或高畦，畦向与大棚同向，温室内东西向，耙平畦面，准备定植。定植宜选阴天或下午进行。定植前一天将苗床灌透水，定植时边起苗边栽植，边栽植边浇定植水，以利缓苗。栽植深度以埋不住心叶为宜。合理密植，本芹按株行距 10 × 10 厘米栽植为宜；西芹株行距 30 厘米 × （20 ~ 25）厘米。

5. 温光管理

（1）温度管理。定植后白天温度控制在 15 ~ 25℃，夜间 10℃ 左右，促进茎叶生长，超过 25℃ 要及时通风降温；生长后期温度可以适当高一些，白天温度控制在 20 ~ 25℃，夜间 10℃ 以上，以促进芹菜茎叶快速生长。

（2）光照管理。越冬茬芹菜需要采取后墙涂白和挂反光幕等增光措施，以提高芹菜的产量。早春茬芹菜栽培主要是采取遮光缩短光照时数的措施，防止因为光照时数变长，芹菜提前抽薹，降低产量。

6. 水肥管理

芹菜适宜的室内空气湿度是 80%，土壤含水量 80% ~ 90%，是一种喜湿喜肥的蔬菜种类。一般在 6 片真叶前，控制水肥促进根系生长。6 片真叶后进入快速生长期，要加强水肥管理。一般每亩施用尿素 10 ~ 15 千克或硫酸铵 20 ~ 25 千克，随水追施，每

7～10 天浇水追肥一次。

7. 采收

适时收获，过早收获影响产量，过晚收获容易空心，粗纤维含量增加，影响品质。具体采收时间要根据芹菜长势和市场需求综合进行考虑。采收时用利刀在芹菜短缩茎下面把整个芹菜植株割下来，削去根部和黄叶。

（四）茼蒿设施生产技术

茼蒿属菊科一二年生蔬菜，又叫蓬蒿、蒿菜、春菊，以肥嫩的茎叶为产品器官。茼蒿半耐寒，喜欢冷凉湿润的气候，对光照要求不严格，既适宜于春、秋两季露地栽培，又可在冬季进行大棚生产，每季可收获 3 茬，茼蒿具有丰富的营养作用和保健作用深受广大人民的喜爱，市场前景较好。

1. 茬口安排

茼蒿生长期短，从播种到收获一般经历 30～60 天，在我国各地均可多茬栽培。秋茼蒿栽培在 8～9 月分期播种，也可在 10 月上旬播种，9～12 月采收。也可和番茄、青菜等作物大棚间作，一般在 9 月中旬直播，10 月中旬至翌年 3 月采收；在温室中可以作为主栽蔬菜的前后茬。

2. 优良品种选择

选用抗病高产、抗逆性强、适应性广、品质优良、耐储运、符合目标市场消费需求的栽培品种。

（1）大圆叶茼蒿。从潮州市农家品种圆叶茼蒿中选择的优良变异单株系选育而成的常规茼蒿品种。

该品种生长势强，株型直立，平均株高 19.6 厘米、株幅 27.2 厘米，平均单株重 28.5 克；叶片大呈长椭圆形、绿色，缺刻少而浅，叶片较厚，平均叶长 13.9 厘米、宽 6.3 厘米。从播种到采收需要 46～48 天，品质较优，春、秋两季平均亩产量分别为989.0千克和1 157.0千克。耐热性较好，耐寒性较差，一般适宜在南方栽培。

（2）陕西省地方品种，叶狭长，为羽状深裂，叶色淡绿，叶肉较薄，分枝较多，香味浓，品质佳。生长期短，耐寒力强，产量较高。适于日光温室和大棚种植。

（3）板叶茼蒿。板叶茼蒿由我国台湾农友引进，半直立，分枝力中等，株高21厘米，开展度28厘米。茎短粗、节密、淡绿色。叶大而肥厚，稍皱缩，绿色，有蜡粉。喜冷凉，不耐高温，较耐旱、耐涝，病虫害少，适于日光温室和大棚种植。

3. 整地做畦

茼蒿生长迅速，栽培土壤宜选择肥沃的土壤，整地做畦前应预先施入充足的肥料。每亩施优质农家肥2 000～3 000千克，过磷酸钙50～100千克，尿素15千克，撒施地面并深翻土壤，让肥料和土壤充分混合。整平土壤后按畦宽1～1.5米，长10～20米作畦，畦内整平并镇压。

4. 科学播种、培育壮苗

最好采用催芽后播种，提高出苗率，播种方式可采用撒播和条播。小叶品种适宜密植，大叶品种适宜稀植，要根据栽培品种确定适宜的播种量，条播每亩用种量为1～2千克；撒播每亩用种量4～5千克。播前温水浸种催芽，一般提前3～5天用30～35℃温水浸泡24小时，淘洗、沥干后晾一下，装入清洁的容器中，放在15～20℃条件下催芽。每天用温水淘洗1遍，3～5天露白时播种。间套种和保护地栽培多采用条播，条播时，在1～1.5米宽的畦内按15～20厘米开沟，沟深1～1.5厘米，在沟内用壶浇水，水渗后在沟内撒籽，然后覆土。撒播时，先隔畦在畦面取土0.5～1厘米厚，置于相邻畦内，把畦面搂平，浇透水，水渗后即可撒播种子；再用取出的土均匀覆盖，厚度为1.5厘米。播种后需要在畦面上覆盖地膜或旧棚膜，四周用土压实，防寒保温，待天气转暖，幼苗出土顶膜前揭开薄膜。

5. 温度管理

播种后温度可稍高些，白天 20~25℃，夜间 15~20℃，4~5 天出苗，超过 25℃要及时通风降温。出苗后棚内温度白天控制在 15~20℃，夜间控制在 8~10℃。6~8 片叶以后加强管理，温度控制在 18~22℃，保持土壤湿润，促进生长。注意防止高温，温度过高，光合作用降低或停止，生长受到影响，导致叶片瘦小、纤维增多、品质下降。最低温度要控制在 12℃以上，低于此温度要注意防寒，增加防寒设施。

6. 水肥管理

播种后要保持地面湿润，以利出苗。出苗后一般不浇水，促进根系下扎。小苗长出 8~10 片叶时，选择晴天浇水 1 次，结合浇水施肥 1 次，亩施硫酸铵 15~20 千克。生长期浇水 2~3 次，注意每次都要选择晴天进行，水量不能过大，相对湿度控制在 95%以下。湿度大时，要选择晴天中午通风排湿，防止病害的发生。间苗、定苗和每次采收后，每亩追施尿素 10~15 千克。

幼苗具有 1~2 片真叶时，进行间苗并拔除杂草，待幼苗长到 5~6 片真叶时定苗，保持幼苗间距 3~6 厘米左右，小叶品种株距 3 厘米，大叶品种株距 6 厘米。

7. 采收

小叶品种一般采用一次性收割，即在植株具有 12~13 片真叶时，株高 20 厘米左右时，贴地面用刀割下，去除泥土，捆把上市；大叶品种一般分批采收，收获时留主茎基部 4~5 片叶或 1~2 个侧枝，用手掐或小刀割上部幼嫩主枝或侧枝，捆成把上市，隔 20 天左右收获 1 次。每次收完及时浇水追肥，以促侧枝萌发。

（五）菠菜设施生产技术

菠菜为藜科菠菜属一二年生草本植物。另名赤根菜、波斯菜、红根菜。原产波斯地区，我国南北各地普遍种植。菠菜适应性广，耐寒力强，属于绿叶菜中最耐寒的蔬菜种类，且易种快收，产量较高，在我国北方通过不同形式的保护地栽培，可以满足周年供应的需求。

1. 栽培茬口

菠菜在我国南北各地普遍栽培，其主要特点是适应性广，生育期短，是加茬抢茬的快菜；保护地栽培主要有风障栽培、阳畦栽培、拱棚栽培、温室栽培等。同时还适于间、混、套种等栽培。按栽培季节可以分为春菠菜、冬菠菜、秋菠菜、夏播菜等。春菠菜前期要覆盖塑膜保温，可直接覆盖到畦面上，出苗后即撤除薄膜或改为小拱棚覆盖；夏菠菜出苗后仍要盖遮阳网和防虫网；冬菠菜在育苗和生长时需拱棚和温室保温。各茬口具体时间安排见表8-7。

表8-7 菠菜设施生产主要茬口时间安排表

茬次	播种期	收获期
冬菠菜	10月中旬至11月上旬	12月上旬至1月中旬
春菠菜	3月上旬至4月中旬	5月上旬至6月上旬
秋菠菜	8月上旬至9月上旬	9月下旬至11月上旬
越夏菠菜	5月上旬至7月上旬	6月中旬至8月中旬

2. 优良品种选择

夏菠菜应选择耐热力强，生长迅速，耐抽薹，抗病、产量高和品质好的品种；春菠菜应选择抽薹迟、叶片肥大的圆叶类型的菠菜品种；越冬菠菜宜选抗寒力强，冬性强、抽薹迟的菠菜品种。

(1) 日本大叶菠菜。日本引进品种。植株呈半直立状态，株高34厘米左右，自然开展度35厘米，半直立、叶簇生、翠绿色。呈长椭圆形。平均叶长26厘米，宽13厘米，叶肉厚0.05厘米，叶柄长 13 厘米，柄粗 0.8 厘米。收获期叶片为 10 ~ 15 片，单株重 200 克以上。叶片肥大、质嫩、无涩味、品质极好。抗病性强，适宜春秋露天栽培或晚秋大棚种植。

（2）华菠 1 号。华中农业大学园艺系利用 8605 强雌株系和 87102 自交系配制的一代杂种。植株半直立，株高 25 ~ 30 厘米。叶顶钝尖，箭形；叶片有浅缺刻 1 对；叶片长 19 厘米，宽 14 厘米；叶柄长 19 厘米，叶面平展，叶色深，叶肉较厚。根红色或浅红色，分蘖力强，15 ~ 18 片叶时采收，单株重 50 ~ 100 克。品质好，质柔嫩，无涩味，生长速度快，早熟，耐高温，抗霜霉病和病毒病，适宜于越冬栽培或春播。

（3）香港全能菠菜。全能菠菜从香港引入，耐热、耐寒，适应性广，冬性强，抽薹迟；生长快，在 3 ~ 28℃ 气温下均能快速生长。株形直立，株高 30 ~ 35 厘米。叶片 7 ~ 9 片，单株重量 100 克左右。叶色浓绿，叶厚而肥大，叶面光滑，长 30 ~ 35 厘米，宽 10 ~ 15 厘米，涩味少，质地柔软。抗霜霉病、炭疽病、病毒病，适宜于四季栽培。

（4）东北尖叶菠菜。叶簇直立，株高 40 厘米，开展度 35 ~ 40 厘米。叶片基部宽、先端尖、呈箭形，最大叶长 23 厘米、宽 15 厘米，叶面平、较薄、绿色，全株有叶 25 片左右。叶柄长 25 厘米、淡绿色。主根肉质，粉红色。平均单株重 80 克左右。播种至收获 50 ~ 60 天。冬性较强，抗寒力强，返青快，上市早。适宜于秋冬季大棚和温室栽培。

3. 整地做畦

选择疏松肥沃、保水保肥、排灌条件良好、微酸性壤土较好，pH 值 5.5 ~ 7。整地时亩施猪粪 2 500 千克或人粪尿肥 3 000 千克，磷酸二铵 30 千克，深翻 20 厘米整平整细，冬、春宜做高畦，夏、秋做平畦，撒播的畦面可以宽一些为 1.5 ~ 3.0 米，条播的畦宽可窄一些为 1.2 ~ 1.5 米。

4. 科学合理播种，培育壮苗

菠菜播种的种子其实是果实，因果壳太硬，不易吸水，出芽困难。种子发芽适温为 15～20℃，温度低发芽时间长，随着温度上升，发芽逐渐困难，25℃ 以上发芽率显著降低。播前 1 周将种子揉搓后，用 30～35℃ 温水浸泡 12 小时后，放在井中 3～4 天或在 4℃ 左右冰箱或冷藏柜中处理 10～15 天，每天拿出清洗，再在 15～20℃ 条件下催芽，3～4 天发芽后播种。亩播种 3～3.5 千克。播种时将种子均匀撒于地面，用齿耙浅耙一遍，使种子入土 1.0～1.5 厘米随后用脚轻踏一遍，使种子与土密合，有利扎根出苗，并施一次盖籽肥，亩施人粪水 3 000～3 500 千克。

5. 温度管理

菠菜栽培的温度管理要根据栽培季节和设施类型灵活掌握，菠菜植株生长的适宜温度是 15～20℃，最适宜叶丛生长温度是 17～20℃，当白天气温低于 15℃ 时就应覆盖薄膜。覆盖薄膜后要防止高温，因为超过 25℃ 生长不良。所以覆盖薄膜以后要大通风，白天控制在 20～23℃，夜间 10℃ 左右。随着外温的下降，逐渐缩短通风时间，减少通风量。当夜间温度降到 10℃ 以下时覆盖草苫。初期要早揭晚盖，室内温度降到 10～12℃ 时再放下草苫，早晨太阳出来卷起。夏菠菜出苗后仍要盖遮阳网，晴盖阴揭，迟盖早揭，以利降温保温。

6. 水肥管理

秋菠菜长出 1 片真叶后泼浇 1 次清粪水；2 片真叶后，结合间苗、除草，追肥先淡后浓，前期多施腐熟粪肥；生长盛期追肥 2～3 次，每亩每次施尿素 5～10 千克。

冬菠菜播后土壤保持湿润。2～3 片真叶时间苗，苗距 3～4 厘米。3～4 片真叶时，适当控水以利越冬。根据苗情和天气追施水肥，以腐熟人粪尿为主。

春菠菜前期要覆盖小拱棚，小拱棚昼揭夜盖，晴揭雨盖，让幼苗多见光，多炼苗，并及时间苗。追施前期以腐熟人畜粪肥水为主，淡施、勤施，后期尤其是采收前 15 天要追施速效氮肥。

夏菠菜苗期浇水应是早晨或傍晚进行小水勤浇。2~3 片真叶后，追施两次速效氮肥。每次施肥后要浇清水，以促生长。

7. 采收

菠菜属于速生蔬菜，在撒播情况下，一般栽培密度都比较大。在植株长到 10 厘米以上时，可以分批间拔，码齐按 500 克一捆捆成捆上市；在植株长到 20~40 厘米时，可用铁锹挖出，留 1~2 厘米红根。去掉黄叶、病叶、枯叶，码齐按 4~5 千克捆成一捆，装入保鲜袋内上市。

（六）韭菜设施生产技术

韭菜是百合科葱属多年生宿根蔬菜，起源于我国，分布广泛，在全国各地都有栽培。韭菜耐寒性强、适应性广，在温度适宜、光照较弱、空气湿润、水肥充足的条件下，生长良好，品质较优。非常适宜于保护地生产，现在我国北方设施栽培非常普遍，低纬度地区多用小拱棚栽培，高纬度地区和高寒地区多用日光温室栽培。

1. 栽培茬口

韭菜是葱蒜类蔬菜设施栽培中最为广泛的一类，品种类型多、设施栽培形式多。主要有风障、小拱棚、塑料大棚和日光温室。具体茬口时间安排见表 8-8。

表 8-8　韭菜设施生产主要茬口时间安排表

茬口	扣膜时间	收获
风障、塑料大棚春提前	2 月上中旬	4 月上旬、3 月中下旬
阳畦冬春茬	12 月中下旬	2 月上旬
中小棚、日光温室越冬茬	12 月中下旬 11 月下旬至 12 月上旬	2 月上旬、12 月下旬
日光温室、塑料大棚秋延后	10 月中下旬、10 月中旬	11 月下旬

2. 优良品种的选择

(1) 平韭 4 号。株型直立，生长旺盛，株高 50 厘米以上；叶片绿色，韭叶鲜嫩，辛辣味浓；抗寒性强，冬季基本不休眠，在日平均温度 3.5℃、最低温度 -6℃ 时，日平均生长 0.7 厘米；叶宽约 1 厘米，单株重 10 克，最大单株重 40 克；特别适合日光温室及各种保护地栽培，年收割 6~7 刀，亩产鲜韭 1.1 万千克左右。

(2) 韭神 F1。扶沟县种苗研究所韭菜课题组利用野生韭菜自交系与筷子韭的雄性不育系杂交培育而成的高抗病抗寒、超高产韭菜新品种。

株高 55 厘米，株丛直立，生长迅速，叶稍粗而长，叶色深绿，叶宽厚肥嫩，叶宽可达 2 厘米，单株重可达 45 克，分蘖力强；优质高产，保护地栽培年收割 3~4 刀，年亩产鲜韭 1.5 万千克。抗寒性强，耐高温，高抗生理性病害。

(3) 雪韭王。株型直立，株高 60 厘米，叶长 45 厘米左右；叶宽约 1 厘米，韭叶翠绿，叶片肥厚，口感韭味浓，粗纤维少，生长速度快；单株重 20 克，年单株分蘖 6~8 棵，品质优良，耐储、耐运，商品性好；年收割 7~8 刀，亩产鲜韭 1.2 万千克左右。该品种具有广泛的适应性和优良的抗寒、抗病性，适合于温室、大棚栽培。

(4) 河南 791。株高 50 厘米以上。株丛直立，叶鞘长而粗壮。叶片宽大肥厚，平均叶宽 1.2~1.3 厘米。单株重 12 克左右。分蘖力强，一年生单株分蘖 6 个，三年生单株分蘖近 50 个。生长迅速，粗纤维少，品质鲜嫩。每年收割 6~7 次。抗寒力极强，冬季回根晚，春季发棵早但整齐度较差。较抗霉病、根蛆等韭菜常见病虫害，抗湿、耐热性好。

3. 整地施肥

韭菜是喜肥的蔬菜种类，施足基肥是丰产的基础，基肥应以磷肥和腐熟的优质厩肥为主，每亩施入 4 000 ~ 5 000 千克的优质厩肥，过磷酸钙 50 千克，尿素 18.5 千克。一般在冬前深翻 25 ~ 30 厘米，结合翻地混合土壤和肥料，整平做畦，畦宽一般 1.2 ~ 1.5 米，畦长 10 ~ 20 米。

4. 科学合理播种，培育壮苗

（1）浸种催芽，提高出苗率。韭菜大面积栽培时一般采用播种法育苗，采用浸种催芽技术提高发芽率。播前 1 周用 35 ~ 40℃ 的温水浸种 24 小时，去除瘪籽，搓洗 3 ~ 4 次（洗去种子表面的黏液）后用清水冲洗 2 ~ 3 次，然后滤净水分用湿布包起来，置于 15 ~ 20℃ 环境下催芽，每小时翻动 2 次，48 小时用清水冲洗 1 次，3 ~ 5 天后即可萌芽。

（2）播种技术。韭菜播种时期一般以地温稳定在 12℃ 左右，一般在 4 月中下旬（谷雨前后）播种。播种采用南北向条播法，沟深 13 ~ 15 厘米，沟宽 9 厘米，沟距 35 ~ 40 厘米。播后覆细土 1 厘米，不宜过厚，否则不易出苗，覆土后轻微镇压，然后浇透水。

（3）播后管理技术。播种后 2 天内立即喷洒除草剂，预防韭菜田内的苗期杂草，一般每亩喷洒 35% 的除草通 100 ~ 150 克或 48% 的地乐胺 200 克。韭菜出苗前不进行田间管理措施，以免破坏除草剂形成的药膜。韭菜出苗后，3 ~ 5 天浇水 1 次并遮阴保湿，在第三片真叶时灌大水及时疏密补稀进行匀苗。达到苗全、苗匀、苗壮的目的。

5. 扣膜前的管理技术

养好韭根是韭菜设施生产丰产丰收的关键，促进韭菜健壮生长和适时把养分回流到根部是扣膜前田间管理的重点。

韭菜苗出齐后，及时追施催苗肥（每亩随水冲施 500 千克人粪尿）；在 8 月初和 9 月初，是韭菜旺盛生长和积累养分的关键时期，每亩追施 2 000 千克人粪尿或腐熟的饼肥 150 ~ 200 千克和过磷酸钙 100 千克，以促进韭菜健壮生长。

韭菜属于半喜湿类蔬菜，比较耐干旱，不耐涝，雨季必须及时排除田间积水。秋季雨水减少后，9 月 7 天左右浇水 1 次，10 月逐步减少浇水量，掌握间干间湿，不旱不浇的原则。

韭菜生长旺季，如果水肥管理不当，极易造成倒伏现象，若倒伏后不及时处理，会造成下部叶片黄化、腐烂、滋生病虫害。防止倒伏的措施，要根据田间实际情况灵活掌握施肥、浇水的时期和用量，确保韭菜健壮生长；如果发生倒伏要割去上部 1/3 ~ 1/2 的叶片以增加株间光照，使其恢复直立性，秋季倒伏后采取设立支架扶持或隔天翻动的方法改善田间通风透光条件。

韭菜花蕾的生长开花要消耗掉很多养分，严重影响到营养物质的积累。在秋季花薹抽出时，及时掐除，以保证营养物质充足的积累。

6. 扣膜时的管理技术

对于不需回青的韭菜，扣膜前应施足底肥、浇足水，保证扣膜后有充足的水肥供应。并在扣膜前 5 ~ 10 天，高割一茬，改善通风透光条件。对于需回青的韭菜，在全部回根后（地上部全部枯萎）土壤封冻前，灌足封冻水，造足底墒；清除残茎枯叶，保持菜田洁净，如有残茎也应刮掉并全部清扫干净。清扫干净后，盖一层充分腐熟的优质马粪或土杂肥，用量以每亩施 1 500 千克为宜，以利于提高低温和供应养分。

7. 扣膜后的管理技术

（1）温度管理。扣膜时间一般在距收割 50 ~ 55 天时进行，初扣膜时一定不要扣严，以防止白天温度提升过高，昼夜温差过大，可采取昼揭夜盖的方法控制昼夜温差，待天气渐渐冷下来时再减少通风。一般第一刀韭菜生长期间，白天室内温度控制在 17 ~ 24℃，尽量不超过 24℃，不允许有 2 ~ 3 小时超过 25℃，以后每刀棚内温度可比上刀提高 2 ~ 3℃，但不要超过 30℃；第一刀韭菜生长期间夜间温度控制在 10~13℃，不得低于 5℃，昼夜温差控制在 10℃ 范围内，以后每刀的夜间温度随白天温度的提高需跟随提高。

（2）水分管理与湿度调节。扣膜前已经浇过水的，土壤水分能够满足第一刀韭菜的萌发和生长需要，扣膜后一般不浇水。在收割前一周可浇一次增产水，浇水后应加大通风，避免湿度过大，叶片结露引发病虫害。收割后 3~5 天不通风以提温保湿。上刀韭菜收割后至本刀韭菜长到 6~8 厘米高以前，由于伤口尚未完全愈合不能浇水。以后当发现韭菜生长减慢时，可适当浇水，注意浇水在晴天的中午进行，浇水后及时通风排湿。韭菜叶片肥嫩，叶片生长期间小拱棚内湿度应控制在 60%~70%，湿度过大，叶片结露易引发病虫害。

（3）土壤管理。当韭菜萌发露尖后，进行第一次培土，株高 3~4 厘米时进行第二次培土，株高 10 厘米时进行第三次培土，株高 15 厘米时进行第四次培土；培土一般结合松土进行，每次从行间取土培到韭菜根部形成 2~3 厘米高的土垄，四次培土后形成 10 厘米左右高的小高垄。

（4）施肥管理。在施足基肥的基础上，追肥不宜过早。为促进本刀韭菜和下刀韭菜的生长，结合浇增产水每亩施入 15~20 千克的复合肥。注意忌用铵态肥，以免造成氨害。在韭菜叶片生长期间，可喷施一些激素和微肥进一步提高韭菜叶片的产量和质量。

8. 采收

一般韭菜植株长到 30 厘米时即可收割，收割时的高度控制在鳞茎以上 3~4 厘米处（即黄色叶鞘处）；两刀之间的间隔以一个月为宜。收割时间宜在晴天上午进行，雨前和雨天不割。为获高产高效益，每次下刀宜浅，以免影响下茬长势。每茬收获后要注意追肥，灌水，中耕松土。

模块九　设施蔬菜病虫害防治技术

我国蔬菜质量总体是安全的、食用是放心的，但局部地区、个别品种农药残留超标问题时有发生。2010年豇豆、韭菜农残超标等质量安全问题，曾一度引发消费恐慌，给当地蔬菜生产造成重大损失。设施蔬菜生产中杀虫灯、防虫网、粘虫色板、膜下滴灌等无公害防治技术控制农残效果明显，但菜农重视不够，普及率较低；用药理念不科学，农药使用不够科学，容易引起农残超标；致使部分农残超标蔬菜流入市场。必须加大病虫害综合防治技术的推广力度，使用农业、物理、生物等综合防控病虫害措施，减少农药使用量。全面推行无公害蔬菜生产技术标准，确保我国蔬菜质量安全。

一、病虫害的田间调查与预测预报

加强病虫害的田间调查和预测预报工作，是抓住病虫害关键防治时期的基础。可以降低药剂的使用次数和使用量，增强防治效果，同时又能降低药剂的选择压，降低害虫抗药性。害虫发育过程中或病原菌的流行过程中在抗药性和耐药性上均有比较薄弱的环节。通过加强病虫害的田间调查和预测预报，是为了找到关键防治时期，实现使用最少量的药剂达到最大防治效果的目的。

（一）病虫害的田间调查方法

1. 病虫害田间调查的内容

病虫发生及为害情况调查，主要了解一个地区或者一定时段内病虫害发生的种类、发生时间、发生数量及危害程度等。

病虫、天敌发生规律的调查，主要调查某一病虫害或天敌的寄主范围、发生世代、主要习性以及在不同农业生态条件下数量变化的情况等。

越冬情况调查，主要调查病虫的越冬场所、越冬基数、越冬虫态和越冬方式等。

防治效果调查，主要调查防治前后病虫发生程度的对比调查，针对不同防治措施之间的效果对比和防治与没有防治之间的效果对比等。

2. 病虫害田间调查的方法

主要是确定取样的方法，取样方法主要有五点取样、对角线取样、棋盘取样、平行线取样、"Z"字形取样等。取样单位可以按垄的一定长度或栽培面积，行长可以按0.6米、1米、2米，面积可以按0.5平方米、1平方米。

（1）五点取样法。从田块四角的两条对角线的交驻点，即田块正中央，以及交驻点到四个角的中间点等5点取样，是应用最普遍的方法。

（2）对角线取样法。调查取样点全部落在田块的对角线上，可分为单对角线取样法和双对角线取样法两种。单对角线取样方法是在田块的某条对角线上，按一定的距离选定所需的全部样点。双对角线取样法是在田块四角的两条对角线上均匀分配调查样点取样。两种方法可在一定程度上代替棋盘式取样法，但误差较大些，适用于不规则的地块。

（3）棋盘式取样法。将所调查的田块均匀地划成许多小区，形如棋盘方格，然后将调查取样点均匀分配在田块的一定区块上。这种取样方法，多用于分布均匀的病虫害调查，能获得较为可靠的调查。

（4）平行线取样法。在菜园中每隔数行取一行进行调查。本法适用于分布不均匀的病虫害调查，调查结果的准确性较高。

（5）"Z"字形取样法。取样的样点分布于田边多，中间少，对于田边发生多、迁移性害虫，在田边呈点片不均匀分布时用此法为宜，如螨等害虫的调查。

（二）病虫害调查的统计

1. 病虫调查的记载

记载要求准确、简明、有统一标准。常用的调查表如（表9-1、表9-2），具体项目可根据调查目的和内容确定。

表9-1 虫害调查记载表

地点	地表状况	取样号	样点情况	害虫名称	虫态	数量	备注

表9-2 病害调查记载表

日期	菜田类型	品种	生育期	调查叶数	发病叶数	发病级数					病叶率	病情指数	备注
						0	1	2	3	4			

2. 调查数据的统计

（1）被害率。反映病虫为害的普遍程度。

被害率（%）=有虫（发病）单位数/调查单位总数×100

（2）虫口密度。表示在1个单位内的虫口数量，或者每百株上的虫量。

虫口密度=调查出的虫数/调查总单位数

（3）病情指数。在植株局部被害的情况下，各受害单位的受害程度是不同的，可按照被害的严重程度分级，再求病情指数。

病情指数=∑（各级病情数×各级样本数）/（最高病情级数×调查总样本数）×100%

（4）损失率。病虫所造成的损失应该以生产水平相同的受害

田与受害田的产量或经济总产值对比来计算，也可用防治区与不防治的对照区产量或经济总产值对比来计算

损失率（%）=（防治区产量 – 不防治区产量）/防治区产量×100

（三）病虫害的预测预报

病虫害的预测是依据病害的流行规律，利用经验的或系统模拟的方法估计一定时限之后病虫害的流行和发生状况，称为病虫害的预测。病虫害的预报是由权威机构发布预测结果，称为预报。

1. 病虫害的预测

（1）流行程度预测。是最常见的预测种类，预测结果可用具体的发病数量（发病率、严重度、病性指数等）作定量的表达。也可用流行级别作定性的表达，流行级别多分为大流行、中度流行（中度偏低、中等、中度偏重）、轻度流行和不流行，具体分级标准根据发病数量或损失率确定，因病害而异。

（2）病害发生期预测。是估计病害可能发生的时期，蔬菜病害多根据小气候因子预测病原菌集中侵染的时期，即临界期，以确定喷药防治的适宜时机，这种预测亦称为侵染预测。

（3）损失预测。根据病害流行程度预测减产量，有时还将品种、栽培条件、气象条件等因素用作预测因子。在病害综合防治中，常应用经济损害水平和经济阈值等概念。经济损害水平是指造成经济损失的最低发病数量；经济阈值是指应该采取防治措施时的发病数量，此时防治可防止发病数量超过经济损害水平，防治费用不高于因病害减轻所获得的收益。损失预测结果主要用于确定发病数量是否已经接近或达到经济阈值。

2. 病虫害防治与预测预报

对于病虫害的预测预报要根据田间调查的结果进行，对害虫

要根据虫口密度，定防治田块；根据发育进度，定防治适期。对病害要根据危害普遍率，定防治田块；根据发病程度，定防治适期。

具体病虫害的防治指标：蚜虫、斑潜蝇平均每棵（株）5头；白粉虱平均每棵（株）13头；病害发病率在10%。

二、主要蔬菜害虫的识别与防治

（一）棉铃虫

1. 危害症状

棉铃虫俗称西红柿蛀虫，属鳞翅耳夜蛾科，食性极杂，主要为害西红柿、辣椒、茄子等蔬菜，以幼虫蛀食为主，常造成落花、落果、虫果腐烂或茎中空、折断等。

2. 棉铃虫的识别

成虫体长4~18毫米，翅展30~38毫米，灰褐色。前翅具褐色环纹及肾形纹，肾缝前方的前缘脉上有二褐纹，肾纹外侧为褐色宽横带，端区各脉间有黑点，后翅黄白色或淡褐色，端区褐色或黑色；卵约0.5毫米，半球形，乳白色，具纵横网格；蛹长17~21毫米，黄褐色，腹部第五节的背面和腹面有7~8排半圆形刻点，臀棘钩刺2根；老熟幼虫体长30~42毫米，体色变化很大，所谓1龄白，2龄黑，3龄黄绿色，还有淡红，紫黑色的，由淡绿、淡红至黑褐色（图9-1），背线、亚背线和气门上线呈深色纵线，气门白色，腹足趾钩为双序中带，两根前胸侧毛边线与前胸气门下端相切或相交。体表布满小刺，其底部较大。

3. 发生规律

一般一年发生4代。蛹在寄主根附近土中越冬，4月下旬越冬蛹开始羽化，5月上中旬为羽化盛期。第1代发生为害较轻。

图9-1 棉铃虫幼虫危害西红柿果

第2代是主要为害世代，卵盛期在6月中旬，6月下旬至7月上中旬是幼虫为害盛期，一般年份西红柿蛀果率为5%～10%，严重地块达20%～30%，其中，第一穗果占80%～90%。第3代卵高峰出现在7月下旬，发生较轻。第4代卵高峰出现在8月下旬至9月上旬，9月至10月上旬主要为害温室西红柿。第四代老熟幼虫10月底前开始化蛹越冬。成虫昼伏夜出，产卵一般选择长势旺盛，现蕾开花早的菜田植株，卵期一般与西红柿开花期吻合。卵多散产在植株上部的嫩叶及果柄花器附近，卵发育时期在20℃时约4天，30℃时约2天。幼虫共6龄，初孵幼虫先取食卵壳，后食附近嫩茎、嫩叶。1至2龄时吐丝下垂转株为害，3龄开始蛀果，4至5龄幼虫有转果为害和自相残杀习性。棉铃虫一生可为害3～5个果实。幼虫历期在25～30℃时为17～22天。老熟幼虫在3～9厘米土层筑土化蛹。属喜温湿性害虫，高温多雨有利其发生，干旱少雨不利其发生。

4. 防治技术

（1）农业防治。用深耕冬灌办法杀灭虫蛹；结合整枝打杈摘除部分虫卵；结合采收，摘除虫果集中处理，可减少田间卵量和幼虫量；在西红柿田种植玉米诱集带引诱成虫产卵，一般每亩100～200株即可，此法可使棉铃虫蛀果率减少30%。

（2）诱杀成虫。6月初开始，剪取0.6米长带叶的杨树枝条

10 根扎成 1 把，绑在小木棍上，插于田间略高于蔬菜顶部，每亩
8~10 把，每 10 天换 1 次，每天清晨露水未干时，用塑料袋套住
枝把，捕捉成虫，并以此预测成虫发生高峰期，以指导药剂防
治。或每亩设黑光灯 1 个，也可诱杀成虫。

（3）药剂防治。在主要为害世代卵高峰后 3~4 天及 6~8
天，喷两次 Bt 乳剂 250~300 倍液，对 3 龄前幼虫有较好防治效
果。为害世代的卵孵化盛期至幼虫 2 龄盛期之间为药剂的防治适
期。一般在露地西红柿头穗果长到鸡蛋大时防治；或者根据诱蛾
结果于成虫盛期 2~3 天进行田间查卵，当半数卵已变灰黑即将
孵化时喷药，可取得好的效果；或在卵株率突然上升时喷药，隔
7 天左右再喷 1 次。药剂可选用 50% 辛硫磷乳油、40% 菊马乳油
2 000~3 000倍液，5% 敌杀死，2.5% 天王星乳油 2 500~3 000倍
液喷雾防治。

（二）烟夜蛾

1. 危害征状

又名烟青虫，是鳞翅目夜蛾科的害虫，以幼虫钻蛀花蕾和危
害叶片，造成落花、落蕾和不开花。

2. 烟夜蛾的识别

成虫体长 15~18 毫米，翅展 27~35 毫米；前翅有明显的环
状纹和肾状纹，近外缘有一褐色宽带；后翅黄褐色，外缘也有一
褐色宽带；卵扁球形，高小于宽，乳黄色，长 0.4~0.5 毫米；老
熟幼虫体长 30~35 毫米，头部黄色具有不规则的网状斑，体色
多变，由黄色到淡红色，虫体从头到尾多褐色、白色、深绿色等
宽窄不一的条纹；蛹呈黄绿色至黄褐色；腹部末端各刺基部相连
（图 9-2）。

3. 发生规律

烟夜蛾一年发生代数各地不一，以蛹在土中越冬；翌春 5 月

图9-2 烟夜蛾幼虫危害甜椒果实

上旬成虫羽化，成虫有趋旋光性；卵散产在叶片上；幼虫于5～6月开始危害，昼伏夜出，有假死和转移危害的习性，一直危害到10月下旬。

4. 防治方法

（1）物理防治。悬挂黑光灯，诱捕成虫。

（2）药剂防治。幼虫活动期，可喷施40%乐斯本乳油1 500倍液，或用5%吡虫啉乳油1 000倍液，或用1%灭虫灵乳油1 000～2 000倍液，每隔10～15天喷1次，连续喷施2-3次。

（三）茄子叶螨

1. 危害。茄子叶螨以成螨、幼螨、若螨为害植株。主要聚集于叶背面为害，也可为害叶柄、花萼、嫩茎、果柄。叶片受害，叶背面出现黄白色斑点，受害严重时斑点增多，密集，叶片提前老化脱落，造成植株早衰，茄田提前拔棵。茄果生长过程中易老化，形成小老果，严重影响茄果质量。

2. 茄子叶螨的识别

成螨雌体长0.48～0.55毫米，宽0.32毫米，椭圆形，体色

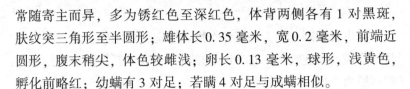

常随寄主而异，多为锈红色至深红色，体背两侧各有 1 对黑斑，肤纹突三角形至半圆形；雄体长 0.35 毫米，宽 0.2 毫米，前端近圆形，腹末稍尖，体色较雌浅；卵长 0.13 毫米，球形，浅黄色，孵化前略红；幼螨有 3 对足；若螨 4 对足与成螨相似。

3. 发生规律

茄子叶螨以受精成雌螨在茄子残秆、枯叶和杂草根际、土缝、树皮缝隙等处越冬。春季出蛰后，随着气温的变化在杂草和茄子间转移，2 月中下旬至 3 月于日平均气温 5～7℃时，越冬雌螨开始活动，在已发芽的野生寄主植物叶片上取食、产卵、发育，表现为单株种群数量高。5 月下旬至 6 月上旬春栽茄子田始见茄子叶螨，6 月下旬至 7 月上旬扩散为害较快，7 月中旬至 8 月上中旬进入为害盛期。9 月中旬后，茄子植株叶片老化，并随着气温下降，部分茄叶螨逐渐向车前草、大蓟、苦苣菜等杂草上转移，10 月下旬至 11 月上旬雌成螨进入越冬期。茄子叶螨喜高温、低湿的发育环境。当气温 22～27℃，相对湿度在 70% 以下时，生长繁殖较快；干旱、少雨年份常发生重。茄田靠近沟渠、道路、坟地、闲荒地及棉花田、玉米田等处的茄田叶螨发生较重。

4. 防治技术

（1）铲除田间和路边杂草。防止害螨在其间互相转移。

（2）加强田间管理，合理灌溉和施肥。天气干旱时，要及时浇水，增施磷、钾肥，促进作物生长，减轻为害；摘除受螨为害严重的叶片，集中烧毁或深埋。

（3）化学防治可选用 15% 辛·阿维菌素（乳油）EC 或 73% 克螨特（乳油）EC 1 000～1 200 倍液。

（四）蝼蛄

蝼蛄属直翅目蝼蛄科，俗称拉拉蛄，地狗子，土狗子。在我国危害严重的主要有东方蝼蛄和华北蝼蛄。

1. 危害

该虫食性杂，能为害多种作物。特别喜食刚发芽的种子，或将地下嫩苗幼茎咬断，同时还能在苗床土表下开掘隧道，使幼苗根部脱离土壤，失水枯死。

2. 蝼蛄的识别

卵呈椭圆形，长约2.8毫米，初产时黄白色，有光泽，渐变黄褐色，最后变为暗紫色；若虫初孵时乳白色，老熟时体色接近成虫，体长24~28毫米；成虫体长30~35毫米，雄成虫体长30毫米，雌成虫体长33毫米，体浅茶褐色前胸，背板中央有一凹陷明显的暗红色长心脏形斑，前翅短，后翅长，超过腹部末端，腹部末端近纺锤形，前足为开掘足，腿节内侧外缘较直，缺刻不明显，后足胫节脊侧有3~4个棘刺，腹末具尾毛。

3. 发生规律

在长江以南地区1年发生1代，而在北方是2年发生1代。以成虫及若虫在土穴中越冬。翌年春越冬成虫活动取食，4~5月交配产卵，越冬若虫5~6月羽化为成虫，产卵前先在腐殖质较多或未腐熟的厩肥土下筑土室产卵，每室产卵25~40粒，一头雌虫可产卵60~80粒。初龄若虫群集于卵室，稍大后分散取食，约经4个月羽化为成虫，到11月钻入33厘米深的土壤处越冬，发育迟缓的以大龄若虫越冬。

4. 防治方法

（1）农业防治。精耕细作，深耕多耙；施用充分腐熟的农家肥；有条件的地区实行水旱轮作。

（2）物理防治。在田间挖长宽各30厘米，深约20厘米的坑，内堆湿润马粪并盖草，每天清晨捕杀蝼蛄；用黑光灯诱杀成虫。

（3）药剂防治。将50千克麦麸或豆饼、棉子饼等炒香，用90%的晶体敌百虫0.5千克或40%的氧化乐果1.5千克加水15

千克与炒香的饵料拌匀，制成毒饵，将毒饵撒在苗床上或田间，每公顷用毒饵 30～38 千克。

（4）人工防治。早春和夏季人工挖灭虫或卵。

（五）茶黄螨

1. 危害

茶黄螨又叫侧多食跗线螨、茶嫩叶螨。属于蜱螨目跗线螨科的害虫。蔬菜生产上受害严重的主要是茄果类、豆类、瓜类等，以成螨和幼螨集中在蔬菜幼嫩部分刺吸为害。受害叶片背面呈灰褐或黄褐色，油渍状，叶片边缘向下卷曲；受害嫩茎、嫩枝变黄褐色，扭曲变形，严重时植株顶部干枯（图 9-3）；果实受害果皮变黄褐色。受害症状与病毒病相似。

2. 茶黄螨的识别

茶黄螨个体比较小，雌成螨长约 0.21 毫米，体躯阔卵形，体分节不明显，淡黄至黄绿色，半透明有光泽。足 4 对，沿背中线有 1 白色条纹，腹部末端平截（图 9-4）；雄成螨体长约 0.19 毫米，体躯近六角形，淡黄至黄绿色，腹末有锥台形尾吸盘，足较长且粗壮；卵长约 0.1 毫米，椭圆形，灰白色、半透明，卵面有 6 排纵向排列的泡状突起，底面平整光滑；幼螨近椭圆形，躯体分 3 节，足 3 对。若螨半透明，棱形，是一静止阶段，被幼螨表皮所包围。

3. 发生规律

一年可发生几十代，主要在棚室中的植株上或在土壤中越冬。棚室中全年均可发生，而露地菜以 6～9 月受害较重。茶黄螨生长迅速，在 18～20℃下，7～10 天可发育 1 代；在 28～30℃下，4～5 天发生 1 代。生长的最适温度为 16～20℃，相对湿度为 80%～90%。湿度对成螨影响不大，在 40% 时仍可正常生活，但卵和幼螨只能在相对湿度 80% 以上条件下孵化、生活，因而，温

图 9 - 3　辣椒茎叶受茶黄螨危害

暖多湿有利于茶黄螨的生长与发育。一个雌虫产卵量为百余粒，卵多散产于嫩叶背面和果实的凹陷处。成螨活动能力强，靠爬迁或自然力扩散蔓延。大雨对其有冲刷作用。

4. 防治技术

（1）农业防治。深翻耕地，消灭虫源，压低越冬螨虫口基数；铲除田边杂草，清除残株败叶，消灭越冬虫源；前茬蔬菜收获后要及早拉秧，彻底清除田间的落果、落叶和残枝，并集中焚烧。勤检查、发现受害植株，及早控制。

（2）生物防治。避免使用高效、剧毒等对天敌杀伤力大的农药，以保护天敌，维护生态平衡，可用人工繁殖的植绥螨向田间释放，可有效控制茶黄螨危害。

图9-4 茶黄螨雌成虫

（3）化学药剂防治。防治药剂可使用73%克螨特乳油1 000倍液、5%卡死克乳油1 200倍液、5%尼索朗乳油2 000倍液、20%三唑锡2 000~2 500倍液或1.0%齐螨素乳油1 000倍液，不仅对茶黄螨有强烈的触杀作用，而且能抑制卵的孵化；也可用波美0.1~0.3度的石硫合剂喷洒。喷药的重点部位是植株的嫩叶背面、嫩茎、花器、生长点及幼果等部位，同时由于茶黄螨极易产生抗药性，应注意轮换交替用药。

三、主要蔬菜病害的识别与防治

（一）西红柿晚疫病

1. 病害识别特征

该病可危害西红柿的叶片、叶柄、嫩茎和果实。多由下部叶片先发病，从叶尖、叶缘开始，病斑初为暗绿色水渍状，渐变为暗绿色，潮湿时在病处长出稀疏的白色霉层；茎部受害，病斑由水渍状变暗褐色不规则形或条状病斑，稍凹陷，组织变软；嫩茎被害可造成缢缩枯死，潮湿时亦长出白色霉层。果实发病多在青果近果柄处，果皮出现灰绿色不规则形病斑，逐渐向四周下端扩展呈云纹状，周缘没有明显界限，果皮表面粗糙，颜色加深呈暗棕褐色，潮湿时亦长出白色霉层（图9-5）。

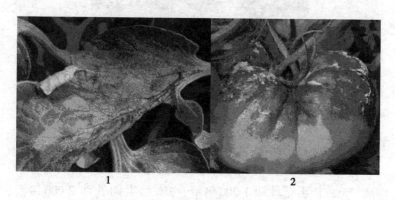

图9-5　西红柿晚疫病 (1. 病叶　2. 病果)

2. 发生规律

病菌主要在设施栽培的西红柿病株上越冬。孢子囊通过风雨或气流传播，从茎的伤口、皮孔侵入，条件适宜时3~4天便发病，产生大量新的孢子囊，传播后可进行再侵染。一般是露地上的番茄晚疫病株通过孢子囊传播到棚中。孢子在有水情况下萌发，通过气孔或表皮直接侵入到组织中去。一般先在田间出现中心病株，然后由中心病株向四周扩散蔓延，因此，尽早发现中心病株，及时处置，是晚疫病防治的一个重要措施，当温度在18~22℃时，病菌可大量产生孢子，在20~23℃时，菌丝在寄主组织中生长最快，然而决定晚疫病能否发生的因素是湿度，在大棚中如果遇到阴雨天，无法通风，植株结露时间长，温度在24℃以下时，会导致大发生。反之，气温高，空气湿度小，病害不发生或发生轻，3~4天后便会形成大量的孢子囊，当环境条件适合时防治不及时，会在短时间内大发生，几天时间就会导致整个大棚发病，所以，对晚疫病要以防为主。晚疫病的流行要求低温（15～25℃）、空气湿度大（75%以上）、昼夜温差大，这种条件适于病菌孢子囊的萌发、侵染。在栽培生产中地势低洼、土壤黏重、排水不良、过度密植、土壤瘦瘠或偏施氮肥、温室保温效果差的地块易发生此病。

3. 防治技术

（1）农业防治。采用高畦深沟覆盖地膜种植，整平畦面以利排水，及时中耕除草及整枝绑架，薄膜覆盖保护栽培应特别注意通风降湿；合理密植，增加透光，浇水时严禁大水浇灌，采用小水勤浇，温室要勤通风，降低棚内湿度，防止高湿引发病害。增施优质有机肥及磷钾肥，增强植株抗性。

（2）人工去除病株。当田间发现中心病株后，及时摘除病叶、病果，带到远离温室大棚处处理。

（3）药剂防治。在苗期开始注意喷药防病，一般采用64%杀毒矾可湿性粉剂（或者大生 M－45 可湿性粉剂）500 倍液每 7～10 天喷施；58%雷多米尔锰锌可湿性粉剂 500 倍液或者 72.2%普力克水剂 800 倍液喷雾，7～10 天 1 次，连续 4～5 次。及时发现和拔除中心病株，然后用 58%甲霜灵－锰锌可湿性粉剂 500 倍液，或用 58%瑞毒霉锰锌可湿性粉剂 600 倍液，或用 72%杜邦克露可湿性粉剂 1 000 倍液喷洒，每 7 天 1 次，连喷 2～3 次；另外采用杀毒矾混小米粥［1∶（20～30）］均匀涂抹病秆部位，防治效果非常好。

（二）西红柿早疫病

1. 病害识别特征

该病主要危害西红柿的叶片和果实。叶片先被害，初呈暗褐色小斑点，扩大呈圆形或椭圆形，直径达 1～3 厘米的病斑，边缘深褐色，中心灰褐色，有同心轮纹，叶片上常几个病斑相连成不规则大斑，严重时病叶干枯脱落，感病顺序首先是下部叶片感病，然后逐步向上部扩散蔓延，后期病斑有时有破裂。潮湿时在病处长出黑色霉状物；茎部受害，多在分枝处发生，呈灰褐色，椭圆形，稍凹陷。有轮纹不明显。严重时造成断枝。果实受害多在果蒂附近有裂缝处，呈褐色或黑褐色，稍凹陷，有同心轮纹，上长出黑色霉状物（图9-6）。

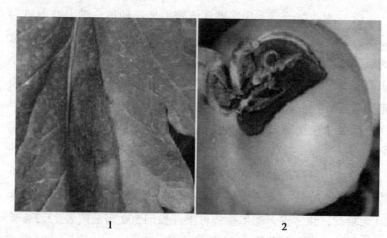

1   2

图9-6 西红柿早疫病症状 (1. 病叶 2. 病果)

2. 发生规律

病菌主要以菌丝体和分生孢子随病残组织遗留在土壤中越冬。通过风雨或气流传播。在保护地里，病菌的来源是病残体，带菌种子等上面的分生孢子，这些分生孢子能在病残体上存活一年以上，随气流及农事操作等进行传播，从气孔、伤口、寄主表皮直接侵入，形成初侵染。当适宜条件下，病原侵入后2~3天即可形成病斑，3~4天后产生分生孢子，进行重复侵染，在水分合适的情况下，分生孢子萌发的最适宜温度是28~30℃，经1~2小时就可萌发。在冬春季，多连阴天，棚内湿度高，昼夜温差大，叶面结露等，可导致病害的迅速蔓延和严重发生。田间管理

不当和植株衰弱时会加重病情的发生。在大棚中白天温度在 20 ~
25℃，夜间温度在 12 ~ 15℃，相对湿度高达 80% 时容易结露，利
于此病的发生和蔓延。在栽培生产中地势低洼、土壤黏重、排水
不良、温室通风不良的地块易发生此病。

3. 防治方法

（1）农业防治。选用抗病品种（日本 8 号、荷兰 5 号、粤农
2 号等）；实行轮作，与非茄科蔬菜轮作三年以上；选用无病种
子；加强栽培管理：及时中耕除草及整枝绑架，薄膜覆盖保护栽
培应特别注意通风降湿；增施优质有机肥及磷钾肥，增强植株
抗性。

（2）人工去除病株。发病后及时摘除病果、病叶等。带出大
棚集中销毁，不要乱扔，以防传播。

（3）药剂防治。定植前进行大棚消毒。用硫黄粉熏蒸，每 50
立方米空间用硫黄 0.13 千克，加锯末 0.25 千克混匀，暗火点燃，
密闭棚一昼夜。定植前 2 ~ 3 天对番茄苗喷药消毒，防治苗床上
病原物带入大棚。

发病初用 80% 代森猛锌可湿性粉剂 500 倍液，或用 64% 杀毒
矾可湿性粉剂 400 ~ 500 倍液，40% 抑霉灵加 40% 灭菌丹（1∶1）
1 000 倍液交替使用，5 ~ 7 天 1 次，连喷 3 ~ 4 次。5% 百菌清粉剂
或 10% 灭克每亩每次 1 千克，每隔 7 ~ 9 天 1 次，连续 3 ~ 4 次。
45% 百菌清烟剂，每亩每次 200 ~ 250 克

（三）西红柿病毒病

西红柿病毒病常见的症状有花叶病、条斑病和蕨叶病 3 种。

1. 病害识别特征

花叶病有两种情况：叶片上引起轻微花叶或微显斑驳，植株
不矮化，叶片不变形，对产量影响不大；叶片上有明显的花叶，
叶片伸长狭窄，扭曲畸形，植株矮小，大量落花落果。条斑病

（图9-7）首先叶脉坏死或散布黑褐色油渍状坏死斑，然后顺叶柄蔓延至茎秆。暗绿色下陷的短条纹变为深褐色下陷的坏死条纹，逐渐蔓延扩大，以至病株枯黄死亡。蕨叶病（图9-8）：叶片呈黄绿色，并直立上卷，叶背的叶脉出现淡紫色，植株簇生、矮化、细小。

图9-7　西红柿条斑病

2. 发生规律

春温室内主要以烟草花叶病毒 TMV 为主，秋温室内主要以烟草花叶病毒 MV 为主，由种子和土壤带菌传播，主要由接触传染。高温干旱，缺水缺肥则发病重。

3. 防治方法

（1）农业防治。选用抗病品种（佳红、佳粉、强丰、希望1号等）；实行轮作，有条件的轮作2～3年；选用无病种子和进行种子消毒；加强栽培管理；培育无病壮苗；增施优质有机肥及磷钾肥，增强植株抗性；高温干旱季节应加强肥水管理；用银灰膜

图 9-8 西红柿蕨叶病

避蚜或化学治蚜。

（2）生物防治。弱毒疫苗 n14 主要用于防治烟草花叶病毒（tmv）侵染引起的病毒病，具有一定的免疫性保护作用。用法：在西红柿 1-2 片真叶分苗时，洗净根部泥土，将根浸入 n14 的 100 倍液中 30 分钟，也可用手蘸取 n14 的 100 倍液在子叶上轻轻抹擦一下，进行抹擦接种；还可用 7~9 根 9 号缝衣针绑在筷子头上蘸取 n14 的 100 倍液轻刺叶片接种；也可将 n14 用菌毒清水稀释 50 倍，按 4 千克/平方米压力，在西红柿 2-3 片真叶时喷雾接种。卫星病毒 s52 用于防治黄瓜花叶病毒（cmv）侵染引起的病毒病，其使用方法同弱毒疫苗 n14。如果将 s52 与 n14 等量混合使用，防治效果更佳。

（3）药剂防治。发病初期喷药控制。在发病初期（5~6叶期）开始喷药保护，药剂为3.85%病毒必克wp500倍液进行叶面喷雾，药后隔7天喷1次，连续喷3次，对西红柿病毒病的防治疗效可达75~80%；也可用1.5%植病灵800倍液或20%病毒a500倍液喷雾，使用方法同前，对病毒病的防效可达70%左右，还可用5%菌毒清水剂400倍液或高锰酸钾1 000倍液，此外喷施增产灵50~100毫克/千克及1%过磷酸钙做根外追肥，均可提高耐病性。

（四）西红柿灰霉病

1. 病害识别症状

西红柿灰霉病主要危害花和果实，叶片和茎亦可受害。幼苗受害后，叶片和叶柄上产生水渍状腐烂后干枯，表面生灰霉。严重时，扩展到幼茎上，产生灰黑色病斑腐烂、长霉、折断，造成大量死苗。成株受害，叶片上患部呈现水渍状大型灰褐色病斑，潮湿时，病部长灰霉。干燥时病斑灰白色，稍见轮纹。花和果实受害时，病部呈现灰白色水渍状，发软，最后腐烂，表面长满灰白色浓密霉层，此即为本病病征（图9-9）。

2. 发生规律

病菌主要以菌核（寒冷地区）或菌丝体及分生孢子梗（温暖地区）随病残体遗落在土中越夏或越冬。番茄灰霉病最大特点是发病部位产生灰色霉层，且很容易随气流扩散，其寄主范围很广，蔬菜果树都会被侵染，以菌核在土壤中或以菌丝体分生孢子在病残体上越冬，环境条件适宜时即可萌发产生菌丝体、分生孢子梗或分生孢子，分生孢子成熟后脱落，借气流、雨水、露珠或农事操作进行传播，从寄主伤口及衰老的器官、枯死的组织如花瓣、花萼，花器的柱头、叶尖等侵入，蘸花是重要的人为传播

图 9-9 西红柿灰霉病病果症状

途径，番茄花期是此病侵染的主要时期，在浇催果水果实开始膨大，出现烂果高峰期，灰霉病菌 20~30℃ 都能发育，最适宜它发病的温度是 20~23℃，31℃ 以上发病减缓，病菌对湿度要求很高，湿度是此病流行的关键因素，一般从 12 月到翌年 5 月，当气温在 20℃，相对湿度在 90% 以上时，发病严重。此病发生除环境因素外，也与植株的生长状况有关，番茄大量开花结实，导致植株衰弱，抗性下降，如果这时遇到连阴天，无法通风，棚内湿度提高，叶面结露，温度又低，此病就会大发生。

3. 防治方法

（1）农业防治。注意选育抗耐病高产良种如双抗 2 号、中杂 7 号。棚室栽培定植前，宜进行环境消毒（速克灵或扑海因烟雾剂 7.5 千克/公顷，密闭熏蒸一夜）；定植后应加强通风透光降湿，发病初期应用烟雾剂（同上）控病。清洁田园，摘除病老叶，妥善处理，切勿随意丢弃。防止西红柿沾花传病。在沾花时，在西红柿灵或 2,4-D 中加入 0.1% 的 50% 速克灵，使花器沾药，以后在坐果时用浓度为 0.1% 的 50% 欧开乐或金三甲因溶液喷果2次，隔7天1次，可预防病害发生。

（2）药剂防治。发病初期抓紧连续喷药控病（50%欧开乐1 500～2 000倍液），或用50%金三甲1 500倍液，或用22.5%农利灵可湿性粉剂1 000倍液加72%农用链霉素可溶性粉剂4 000倍液，或用65%硫菌霉威1 000～1 500倍液，轮换交替或混合喷施2～3次，隔7～10天1次，前密后疏，以防止或延缓灰霉病菌产生抗药性。

（五）西红柿枯萎病

西红柿枯萎病又称为萎蔫病，是一种维管束病害。

1. 病害识别症状

该病主要危害根茎部，主要表现在西红柿成株期。成株期发病初始，叶片在中午萎蔫下垂，并自下而上变黄，而后变褐萎蔫下垂，早晨和晚上又恢复正常，叶色变淡，似缺水状，病情由下向上发展，反复数天后，逐渐遍及整株叶片萎蔫下垂，叶片不再复原，最后全株枯死（图9－10）。横剖病茎，病部维管束呈褐色。湿度高时，死株的茎基部常布粉红色霉层，即病菌的分生孢子梗和分生孢子。

2. 发病规律

病菌以菌丝体和厚坦孢子随病株残余组织遗留于土中越冬，也可以在土中进行腐生生活达多年。病果、种子也能被感染，菌丝即潜伏在种子上过冬。番茄苗移植时，如根部或茎部受伤，土壤中病菌即从伤口侵入，后在植株的维管束内蔓延，并产生一种有毒物质，称为番茄凋萎素。这种有毒物质随输导组织逐渐扩散，因而引起叶片发黄。播种带病种子，也可引起幼苗发病。根部受伤后病菌易侵入引发病害。

3. 防治方法

（1）农业防治。实行三年以上轮作，施用腐熟有机肥或生物

图 9 – 10 西红柿枯萎病病株症状

活性有机肥料，适当增施磷钾肥，提高植株抗病能力；播种前用52℃温水浸种30分钟；或用种子重量0.3%的70%敌磺钠可溶性粉剂拌种后再播种；苗床消毒一般每平方米床面土用35%福·甲可湿性粉剂10克，加干土5千克拌匀，1/3的药土撒在床面上再播种，再把其余药土盖在种子上；提倡营养钵育苗、穴盘育苗，每立方营养土消毒用30%恶霉灵水剂150毫升或敌磺钠200克，充分拌匀后装入营养钵育苗。

（2）人工防治。发现零星病株，要及时拔除，并填入生石灰盖土踏实杀菌消毒。

（3）化学药剂防治。用54%的恶霉·福美可湿性粉剂700倍液喷雾；或用70%的敌磺钠可湿性粉剂500倍液喷雾；如浇灌根部，每株300～500毫升，视病情5天1次。

(六) 西红柿斑枯病

番茄斑枯病又称白星病、鱼目斑病，可引起植株落叶影响番茄产量。

1. 病害识别症状

番茄各生育期均可发病。地上部分各部位都会出现症状，但以开花结果期的叶部发病最重。叶背面产生水渍状小病斑，很快正反两面都相继出现病斑，直径 1.5～4.5 毫米，呈圆形或近圆形，中央灰白色，稍凹陷，边缘深褐色，其上生有黑色小粒点（图 9－11）。病斑多时相互连接成大片枯斑，有时病斑组织脱落，形成穿孔。一般植株下部叶片先发病，并自下而上蔓延，严重时中、下部叶片枯黄脱落，仅上部留存少数叶片。茎和果实上的病斑褐色，圆形或椭圆形，稍凹陷，散生小黑粒。多雨季节特别是雨后转晴的高湿环境，利于病害的发生，番茄缺肥，长势衰弱时，病情加重。

2. 发病规律

以菌丝体或分生孢子器在病残体、多年生茄科杂草和种子上越冬，成为次年初侵染源。病菌发育适温 22～26℃，12℃以下或 27℃以上不利于发病。高湿条件有利于分生孢子从分生孢子器内溢出，适宜相对湿度为 92%～94%，达不到这个湿度时不发病。

3. 防治方法

（1）农业防治。首先加强轮作，应与非茄科作物轮作 3～4 年，培育无病壮苗；选用抗病品种：如蜀早 1 号、浦红 1 号、广茄 4 号等品种都较抗病；从无病健株上采种，播种前用 52℃温汤加新高脂膜 800 倍液浸种 30 分钟，然后催芽播种。苗床用新土或两年未种过茄科蔬菜的地块育苗，播种后及时在地表喷施新高脂膜 800 倍液保温保墒，防治土壤结板，提高出苗率；施用充分腐熟的有机肥，连作大棚每亩施金微微生物菌剂 30 千克，以改良

图9-11 西红柿斑枯病叶片症状

土壤；加强栽培管理，增施磷钾肥，提高抗病性，注意田间，及时整枝打岔、排水降湿，清除病残体，摘除老叶，利用高畦栽培，雨后及时排渍，降低田间湿度；合理密植，通风透光，促进植株生长，提高抗病力。

（2）药剂防治。在发病初期，用75%百菌清可湿性粉剂600倍液，或用50%多菌灵可湿性粉剂500倍液，或用70%甲基托布津可湿性粉剂1 000倍液，或用58%甲霜灵锰锌可湿性粉剂500倍液喷雾，每7~10天1次，连续2~3次。

（七）青椒猝倒病

青椒猝倒病又叫绵腐病，除使幼苗受害外，还能引起果实腐烂。

1. 病害识别症状

发芽前易形成烂籽，发芽后幼苗茎基部病部呈水渍状，随即变黄缢缩凹陷。子叶还未枯萎，茎部已断（图9－12）。潮湿时病部可密生白色棉絮状霉斑。

图9－12　青椒猝倒病

2. 发病规律

以卵孢子在土壤中越冬，病孢子能在土壤中长期存活。侵染幼苗以营养菌丝贯穿寄生细胞内，使组织迅速腐烂。病株上的孢子囊可进行萌发或产生游离孢子，随流水传播引起再侵染。

3. 防治方法

（1）种子处理。用55℃温水浸种10～15分钟，注意要不停搅拌，当水温降到30℃时停止搅拌，再浸种4小时；用50%多菌灵500倍液浸种2小时，也可用用50%多菌灵可湿性粉剂或50%福美双可湿性粉剂用种子量的0.4%拌种，或用25%甲双灵可湿性粉剂用种子量的 0.3% 拌种，可杀死病菌孢子，预防真菌性病害。

（2）配制药土。播种时在苗床上撒药土，每平方米用多菌灵 8 克，拌营养土 15 千克，下铺上盖，覆土后盖地膜，以保湿、保温、促种萌发。也可采用肥沃园土 7~8 份，腐熟厩肥 2~3 份，再加适量复合肥，每平方米拌 50% 多菌灵粉剂 8~10 克、10% 辛硫磷粒剂 20 克，充分拌匀后撒施床面。

（3）喷药防治。发病后用 1∶5.5∶400 的铜铵制剂喷洒株根部、床面。

（八）青椒病毒病

青椒病毒病对产量影响大，是青椒设施生产中主要病害之一（图 9-13）。

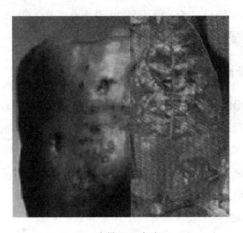

（1. 病果 2. 病叶）

图 9-13 青椒病毒病症状

1. 病害识别症状

主要有 4 种类型。

坏死型一般在现蕾初期发病，嫩叶脱落，有时叶花果全部坏死，一晃植株，全部脱落；花叶型一般在轻型花叶嫩叶叶片上出现轻微黄绿相间斑驳，植株不矮化，叶片不变形，对产量影响不大；重型花叶还表现叶片凸凹不平，凸起部分呈泡状，叶片畸形，植株矮小，大量落花落果；丛枝型表现植株矮小，节间变短，叶片狭小，小枝丛生，不落叶，但不结果；黄化型的叶片自下而上逐渐变黄落叶，落果。

2. 发病规律

引起花叶、黄化的主要是黄瓜花叶病毒，由蚜虫传播；引起条斑坏死的是烟草花叶病毒，通过病株残体、种子带毒传播。

3. 防治方法

从苗期起重视早期防蚜虫，用40%乐果乳油800~1 000倍液，或用20%杀灭菊脂乳油8 000倍液喷雾，隔7天喷1次，共喷2次。治疗病毒病可用1.5%植病灵1 000倍液、20%病毒A可湿性粉剂500倍液、5%菌毒清水剂200~300倍液或高锰酸钾1 000倍液与爱多收5 000倍液混合喷雾防治。

（九）青椒疫病

1. 病害识别症状

茎、叶及果实均可发病。幼苗染病茎基部呈暗绿色水渍状软腐，致使上部倒伏。叶片染病，出现暗绿色病斑，叶片软腐易脱落；成株期茎和果实染病，呈暗绿色病斑，引起倒伏和软腐。潮湿时病斑上出现白色的霉状物（图9-14）。

2. 发病规律

卵孢子在土壤中越冬。气温适宜有水滴，病菌随水滴溅到寄主上的引起侵染。

3. 防治方法

（1）农业防治。避免与瓜、茄果类蔬菜连作，与十字花科、豆科蔬菜连作。选用无病土进行育苗，发现病苗立即拔除。加强

图 9 – 14 青椒疫病病枝病果症状

温湿度调控，避免高温高湿条件出现。

（2）药剂防治。定植后可喷 80% 代森锰锌可湿性粉剂 600 倍液加以保护，15 天 1 次。发病初期可喷洒 40% 疫霉灵可湿性粉剂 250 倍液或 58% 甲霜灵锰锌可湿性粉剂 500 倍液、72% 杜邦可露可湿性粉剂 800 倍液、60% 安克锰锌可湿性粉剂 1 500倍液、58% 雷多米尔可湿性粉剂 800 倍液等，间隔 7 ~ 10 天 1 次，连续 2 ~ 3 次。棚室还可用 45% 百菌清烟剂，每公顷每次用药 3 ~ 4 千克。

（十）青椒炭疽病

1. 病害识别症状

黑色炭疽病主要危害青椒的果实，受害果实上出现圆形或不规则的凹陷、水渍状病斑，有同心轮纹，后期病斑上密生小黑点，病斑周围有褪色晕圈；黑点炭疽病的病症大体与黑色炭疽病相同，只是病斑上着生的黑点大且呈丛毛状，空气湿度大时有黏液从黑点内溢出（图 9 – 15）；红色炭疽病的受害果实上病斑为圆形或椭圆形，水渍状，黄褐色，凹陷，病斑上密生小黑点，排成轮纹状，潮湿时有红色黏液溢出（图 9 – 16）。

2. 发病规律

病菌在土壤中或寄主病残体及种子上越冬，通过流水、滴水、昆虫、种子等传播。多从伤口侵入。在温度 27℃，空气湿度

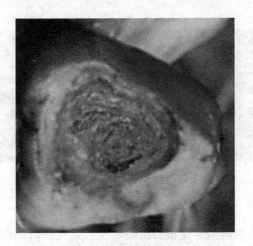

图 9 – 15 　黑点炭疽病

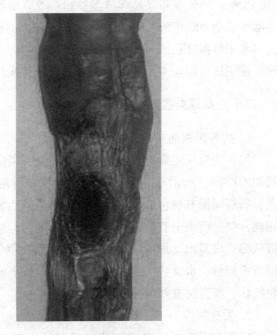

图 9 – 16 　红色炭疽病

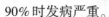

90% 时发病严重。

3. 防治方法

（1）农业防治。①种子消毒先用凉水预浸 1~2 小时，用 55℃温水浸种 10~15 分钟后，用凉水冷却后催芽。②采用营养钵育苗，少伤根系。③与十字花科、豆科蔬菜轮作 3 年。④加强管理，注意放风排湿降温，在空气湿度为 70% 时，植株基本不发病。

（2）药剂防治。发病初期可喷洒 70% 甲基托布津可湿性粉剂 600~800 倍液或 80% 代森锰锌可湿性粉剂 500 倍液或 50% 炭疽福美可湿性粉剂 400 倍液或 1∶1∶200 倍的波尔多液，每 5~7 天 1 次，连喷 2~3 天。

（十一）青椒疮痂病

1. 病害识别症状

青椒疮痂病又叫青椒细菌性斑点病。幼苗发病时，子叶生银白色小斑点，水浸状，逐渐变为淡黑色凹陷的病斑。病叶上最初形成水浸状的斑点，后病斑边缘隆起，不规则形，暗褐色，中心淡褐色，使叶片表面粗糙像疮痂，常几个病斑连在一起成大病斑，直径可达 6 毫米，如病斑沿叶脉发生，常使叶片畸形，受害重的叶片，叶缘、叶尖常变黄干枯，破裂，最后脱落。茎或果柄上发病，开始产生水浸状不规则的条斑，以后变成暗褐色，隆起纵裂，呈疮痂状。果实被害时，初生黑色或暗褐色隆起的小点，或呈疱疹状，有狭窄的水浸状边缘，逐渐直径扩大为 1~3 毫米，稍隆起，病斑圆形或长圆形，黑褐色，疮痂状，病斑边缘有裂口，并有水浸状晕环，潮湿时疮痂中间溢出菌脓（图 9-17）。

2. 发病规律

病菌随病残体在土壤中或附着在种子上越冬，翌年条件适宜时靠流动水、风、昆虫及农事作业等传到植株上，从气孔、伤口

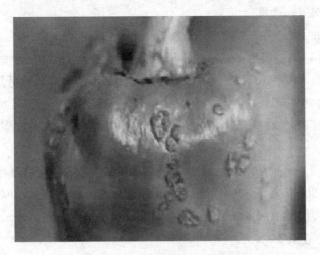

图9-17　青椒疮痂病病果症状

侵入为害。病菌靠带病种子远距离传播。病菌发育的适宜温度为27~30℃，在56℃，10分钟病菌致死。高温高湿环境是病害发生的主要条件。一般地势低洼、土质黏重、田间积水、缺肥或植株生长不良的地块发病重。

3. 防治技术

（1）农业防治。选用抗病品种；与非茄科蔬菜实行2~3年轮作；采用高畦种植，注意通风透气；定植后注意松土、追肥，促根系发育，雨后及时排除田间积水；田间发现病株及时拔除，收获后结合深翻整地清洁田园，减少来年菌源。

（2）药剂防治。种子用55℃温水浸种10分钟，或种子清水浸泡10~12小时后再用1%硫酸铜溶液浸种5分钟，水洗干净，催芽播种。或用0.1%高锰酸钾溶液浸种15分钟，清水洗净后催芽。

发病初期及时喷药，常用的药剂有60%乙膦铝（DTM）可湿性粉剂500倍液、新植霉素4 000~5 000倍液、72%农用链霉素4 000倍液、14%络氨铜水剂300倍液、77%可杀得可湿性粉剂

500 倍液、53.8%可杀得干悬浮剂 1 000 倍液，1：1：200 波尔多液，每 7 天 1 次，连续喷药 2～3 次。

（十二）茄子白粉病

1. 病害识别症状

主要为害叶片。发病初期叶面出现不规则褪绿黄色小斑，叶背相应部位则出现白色小霉斑，以后病斑数量增多，白色粉状物日益明显而呈白粉斑。白粉状斑可相互连合，扩展后遍及整个叶面，严重时叶片正反面全部被白粉覆盖，最后致叶组织变黄干枯（图 9 - 18）。

图 9 - 18　茄子白粉病叶片症状（1. 发病严重　2. 发病初期）

2. 发病规律

病菌主要以闭囊壳在病残体上越冬，翌年条件适宜时，放射出子囊孢子进行传播，进而产生无性孢子扩大蔓延，引致该病流行。发病适温 16～24℃，在温暖、多雨天气或温暖湿润条件下发病严重，设施内比露地发病重。

3. 防治技术

（1）农业防治。实行轮作；选用抗病品种；合理用肥；避免密植；通风、降湿，改善田间通风条件；及时清除病、老叶和病残体。

（2）药剂防治。发病初期及时喷洒15%三唑酮（粉锈宁）可湿性粉剂1 000~1 500倍液，或用20%三唑酮乳油2 000倍液、40%多·硫悬浮剂，或用36%甲基硫菌灵悬浮剂500~600倍液、50%硫黄悬浮剂300倍液。

（十三）茄子绵疫病

茄子绵疫病俗称"掉蛋""水烂"，各地普遍发生，茄子各生育阶段皆可受害，损失可达20%~30%，甚至超过50%，是茄子主要病害之一。

1. 病害识别症状

幼苗期发病，茎基部呈水浸状，发展很快，常引发猝倒，致使幼苗枯死。成株期叶片感病，产生水浸状不规则形病斑，具有明显的轮纹，但边缘不明显，褐色或紫褐色，潮湿时病斑上长出少量白霉。茎部受害呈水浸状缢缩，有时折断，并长有白霉。花器受侵染后，呈褐色腐烂。果实受害最重，开始出现水浸状圆形斑点，边线不明显，稍凹陷，黄褐色至黑褐色。病部果肉呈黑褐色腐烂状，在高湿条件下病部表面长有白色絮状菌丝，病果易脱落或干瘪收缩成僵果（图9-19）。

2. 发病规律

病菌主要以卵孢子在土壤中病株残体上越冬，成为翌年的初侵染源。卵孢子经雨水溅到植株体上后萌发芽管，产生附着器，长出侵入丝，由寄主表皮直接侵入。病部产生的孢子囊所释放出的游动孢子可借助雨水或灌溉水传播，使病害扩大蔓延。高温高湿有利于病害发展，一般气温25~35℃，相对湿度85%以上，叶片表面结露等条件下，病害发展迅速而严重；地势低洼、排水不良、土壤黏重、管理粗放、偏施氮肥、过度密植、连茬栽培等，也会加剧病害蔓延。

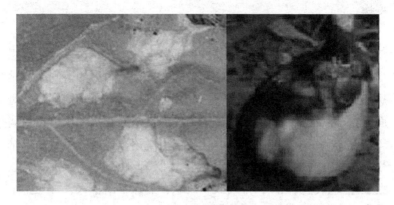

图9-19 茄子绵疫病病叶病果症状

3. 防治技术

（1）农业防治。一般和非茄果类蔬菜轮作3年；选用抗病品种；播种前对种子进行消毒处理，如用50~55℃的温水浸种7~8分钟后播种；穴盘育苗保护根系；高畦栽培，覆盖地膜以阻挡土壤中病菌向地上部传播，促进根系发育；施足腐熟有机肥，预防高温高湿，增施磷、钾肥，促进植株健壮生长，提高植株抗性；精细管理适时整枝，打去下部老叶，改善田间通风透光条件，及时摘除病叶、病果，并将病残体带出田外，以防再侵染。

（2）药剂防治。缓苗后，用70%的敌克松可湿性粉剂500倍液或70%代森锌可湿性粉剂500倍液喷洒植株根部，7~10天喷药1次。每隔7天喷一次1:1:200倍波尔多液防止病害发生。发病后立即施药，药剂可选75%百菌清500~600倍液、50%甲基托布津可湿性粉剂800倍液、40%乙膦铝可湿性粉剂200倍液等，交替用药，一般每隔7~10天喷1次，连喷3~4次。

（十四）茄子褐纹病

茄子褐纹病是茄子独有的病害，因其发病严重故而又称疫病。

1. 病害识别症状

病幼苗受害，多在茎基部出现近菱形的水渍状斑，后变成黑褐色凹陷斑，环绕茎部扩展，导致幼苗猝倒。稍大的苗则呈立枯病部上密生小黑粒，成株受害，叶片上出现圆形至不规则斑，斑面轮生小黑粒，主茎或分枝受害，出现不规则灰褐色至灰白色病斑，斑面密生小黑粒；严重的茎枝皮层脱落，造成枝条或全株枯死；果实染病，表面生圆形或椭圆形凹陷斑，淡褐色至深褐色，上生许多黑色小粒点，排列成轮纹状，病斑不断扩大，可达整个果实，后期呈干腐状僵果（图9-20）。

图9-20 茄子褐纹病病叶病果症状

2. 发病规律

病原主要以菌丝体或分生孢子器在土表的病残体上越冬，同时也可以菌丝体潜伏在种皮内部或以分生孢子黏附在种子表面越冬。病菌的成熟分生孢子器在潮湿条件下可产生大量分生孢子，分生孢子萌发后可直接穿透寄主表皮侵入，也能通过伤口侵染。高温、高湿性条件易发生，设施内气温28~30℃，相对湿度高于

80%，持续时间比较长，连续阴雨，易流行发生

3. 防治技术

（1）农业防治。整地灭茬，消灭病原残体；实行 2～3 年以上与非茄科蔬菜轮作；选用抗病品种；加强栽培管理，培育壮苗；膜下暗灌，地膜覆盖，降低设施内湿度。

（2）物理防治。变温浸种，先用冷水将种子预浸 3～4 小时，然后用 55℃ 温水浸种 15 分钟，或用 50℃ 温水浸种 30 分钟，立即用冷水降温，晾干播种。

（3）药剂防治。结果后开始喷洒 75% 百菌清可湿性粉剂 600 倍液、50% 苯菌灵可湿性粉剂 800 倍液，或用 1:1:200 倍波尔多液，视天气和病情隔 10 天左右 1 次，连续防治 2～3 次。

在温室大棚内可采用 10% 百菌清烟剂或 20% 速克灵烟剂，或 10% 百菌清加 20% 速克灵混合烟剂，每亩用药 300～400 克，每隔 5～7 天一次，共 2～3 次。

（十五）茄子黄萎病

1. 病害识别症状

茄子黄萎病在苗期很少发病，田间发病一般在门茄坐果后开始表现症状，且多由下部叶片先出现，而后向上发展或从一侧向全株发展。发病初期先从叶片边缘及叶脉间变黄，逐渐发展至半边叶片或整个叶片变黄，病叶在干旱或晴天高温时呈萎蔫状，早晚尚可恢复，后期病叶由黄变褐，有时叶缘向上卷曲，萎蔫下垂或脱落，严重时叶片脱光仅剩茎秆。

黄萎病的症状有 3 种类型。枯死型：该菌为 Ⅰ 型，致病力强。发病早，病株明显矮化，叶片皱缩、凋萎、枯死或脱落成光秆，常致整株死亡，病情发展快。黄斑型：该菌为 Ⅱ 型，致病力中等。发病稍慢，病株稍矮化，叶片由下向上形成掌状黄斑，仅下部叶片枯死。植株一般不死亡。黄色斑驳型：该菌为 Ⅲ 型，致

病力弱。发病缓慢，病株矮化不明显，仅少数叶片有黄色斑驳，或叶尖、叶缘有枯斑，叶片一般不枯死（图9-21）。

1　　　　**2**　　　　**3**

（1. 枯死型　2. 黄斑型　3. 黄色斑驳型）

图9-21　茄子黄萎病症状

2. 发病规律

病菌以休眠菌丝、厚垣孢子和微菌核随病残体、带菌土壤及其他感病植物在土壤或农家肥中越冬，在土中一般可存活6～7年，微菌核甚至可存活14年。病菌也能以菌丝体和分生孢子在种子内外越冬。第二年从根部伤口或幼根的表皮及根毛侵入，后在微管束内繁殖，并扩展到枝叶。该病在当年不再进行重复侵染。一般气温在18～24℃时发病重。地温长期低于15℃发病也重。气温在28℃以上，则病害受到抑制。茄子伤根多，则感染病菌的机会也多，发病就重。

3. 防治技术

（1）农业防治。选用抗病品种，栽培时尽量选用较耐病的品种，如辽沈1号、3号、4号，齐茄1号、2号、3号，丰研1号、长茄1号，紫茄，龙杂2号，沈茄2号，济南早小长茄等；实行种子检疫制度，并在无病区设立留种田或从无病株上留种；进行种子消毒，杀死种子表面病菌。

（2）药剂防治。黄萎病可用30% DT乳剂350倍液灌根，或用抗枯宁100～300倍液灌根。

四、优化施药技术

优化施药技术是合理安全施用农药的保障，也是生产绿色蔬菜的关键技术，同时也能提高用药效率，减少农药的使用量，既降低了生产成本，提高生产效益，又能够减轻环境污染。

（一）严格控制农药品种

1. 可能选择生物农药和生化制剂

无公害蔬菜生产选用农药要优先使用生物农药和生化制剂，微生物农药或生化制剂（农用抗生素）既能防病治虫，又不污染环境和毒害人畜，且对于天敌安全，害虫不产生抗药性。如 hd 青虫菌 6 号、井冈霉素、春雷霉素、农用链霉素、Bt 乳剂、农抗120、阿维菌素系列等。

2. 有选择地使用高效、低毒、低残留农药

按照无公害生产使用农药目录选择农药，杀虫剂主要有敌百虫、辛硫磷、乐斯本等少数有机磷农药；杀菌剂有：多菌灵、加瑞农、克露、托布津、波尔多液，农用链霉素等。除草剂有：乙草胺、都尔、氟乐灵等。

3. 严禁使用高毒、剧毒农药

在蔬菜生产中，严格禁止使用高毒、高残留，致畸、致癌和致突变的农药，如甲胺磷、呋喃丹、杀虫脒、氧化乐果、三氯杀螨醇、甲基1605、除草脒等。

（二）严格控制施药次数、浓度、范围和剂量

不同蔬菜种类、品种和生育阶段的耐药性常有差异，应根据农药毒性及病虫害的发生情况，结合气候、苗情，严格掌握用药量和配制浓度，防止蔬菜出现药害和伤害天敌，只要把病虫害控

制在经济损害水平以下即可。如防治白粉病对于抗病品种或轻发生时只需粉锈宁每亩 3~5 克（有效成分），而对感病品种或重发生时则需每亩 7~10 克。另外，若运用隐蔽施药（如拌种）或高效喷雾（如低容量细雾滴喷雾）等施药技术，并且提倡不同类型、种类的农药合理交替和轮换使用，可提高药剂利用率，减少用药次数，防止病虫产生抗药性，从而降低用药量，减轻环境污染。

（三）严格执行农药安全间隔期

最后一次使用农药的日期距离蔬菜采收日期之间，应有一定的间隔天数，防止蔬菜产品中残留农药。不同的季节和农药种类农药的安全间隔期也不一样。一般遵循原则是夏季至少为 6~8 天，春秋至少为 8~11 天，冬季则应在 15 天以上，而且蔬菜在食用前应充分漂洗。一般生物农药为 3~5 天，菊酯类农药 5~7 天，有机磷农药 7~10 天，杀菌剂除百菌清、多菌灵要求 14 天以上外，其余均为 7~10 天。

（四）要注重用药方法

1. 对症用药

在充分了解农药性能和使用方法的基础上，根据防治病虫害种类，使用合适的农药类型或剂型。如扑虱灵对白粉虱若虫有特效，而对同类害虫蚜虫则无效；避蚜雾对桃蚜有特效，防治瓜蚜效果则差；甲霜灵（瑞毒霉）对各种蔬菜霜霉病、早疫病、晚疫病等高效，但不能防治白粉病。在防治保护地病虫害时，为降低湿度，可灵活选用烟雾剂或粉尘剂。在气温高的条件下，使用硫制剂防治瓜类蔬菜茶黄螨、白粉病，容易产生药害。

2. 适期用药

根据病虫害的发生危害规律，准确把握最佳防治时期，做到适时用药，有事半功倍的防治效果。如蔬菜播种或移栽前，应采取苗房、棚室施药消毒、土壤处理和药剂拌种等措施；当蚜虫、螨类点片发生，白粉虱低密度时采用局部施药。一般情况下，应在上午用药，夏天则在下午用药。夜蛾类害虫的防治应在傍晚，白天施药对它们几乎没有效果。豆类、瓜类病毒与苗期蚜虫有关，早期防治好蚜虫对于控制病毒病有明显效果。

3. 使用适合施药器具

根据病虫在田间的发生情况，准确选择施药方式和器具，常用的方法有喷雾法、喷粉法、撒粉法、熏蒸法和土壤处理法等。对食叶和刺吸叶汁的害虫可用喷雾、喷粉的方法，食根害虫或根病可用灌根的方式防治，蔬菜保护地可用粉尘剂、烟剂、熏蒸剂。

4. 适时交替用药

长期使用一种农药，病虫就会产生抗药性，造成防治效果下降。不要发现某种农药效果好就长期使用，增强药效、克服和延缓抗药性的有效方法之一就是交替使用不同作用机理的两种以上的农药。

5. 合理混配农药

采用混合用药方法，达到一次施药控制多种病虫危害的目的，但农药混配要以保持原药有效成分或有增效作用，不产生剧毒并具有良好的物理性状为前提。一般各种中性农药之间可以混用；中性农药与酸性农药可以混用；酸性农药之间可以混用；碱性农药不能随便与其他农药（包括碱性农药）混用；微生物杀虫剂（如 Bt 乳剂）不能同杀菌剂及内吸性强的农药混用。

五、病虫害的综合防治技术

温室蔬菜的周年生产为病虫害越冬和繁殖提供了适宜的场

所，导致病虫害发生多、蔓延快、危害重，对生产影响极大，是目前温室蔬菜生产急需解决的问题。病虫害综合防治技术是对设施蔬菜病虫害进行科学管理的体系，它从农业生态系统总体出发，根据病虫害与设施环境之间的相互联系，充分发挥自然控制因素的作用，因地制宜协调应用必要的措施，将病虫害控制在经济允许水平之下，以获得最佳的经济、生态和社会效益。

（一）加强植物检疫

植物检疫是国家或地方政府，为防止危险性有害生物随植物体、产品、包装物、运输工具等人为引入和传播，以法律手段和行政措施实施的预防性植物保护措施。包括调运植物检疫和产地植物检疫两种。种苗经营商和政府机关要严格按照《国务院植物检疫条例》规定的程序进行加强检疫执法，凭植物检疫证书方可调运种子、接穗和幼苗。在蔬菜设施生产中，生产经营者在购买种子、接穗和幼苗时一定要查验有无检疫证书。在生产过程中发现有害生物则要进行除害处理，严重者予以销毁，防止新的病虫害传入，以免给设施蔬菜生产带来更大的损失。

（二）农业综合防治

农业防治是指运用农业耕作栽培技术，改善菜田生态条件，创造有利于蔬菜生长和有益微生物繁衍活动的条件，抑制或消灭病虫的发生和发展的防治方法。

1. 选用抗病品种

选用抗病虫的品种是最有效的最关键的技术环节，蔬菜生产病害中有80%以上要靠抗病品种或主要靠抗病品种来解决，如在对白粉病、褐斑病、枯黄萎病等的防治中，抗病品种是抑制病害发生的主要措施。有些以药剂防治为主的病虫害防治中，也要求蔬菜本身有一定程度的抗、耐性，才能更好地发挥药剂的防治作用。种植抗病虫品种防治病虫害不需额外增加设施和投资，并可代替和减少化学农药的使用，避免和减轻农药引起的残毒和对环境的污染，经济、简便、易行。目前的抗病虫品种基本满足设施蔬菜生产的需要，黄瓜、番茄、辣椒、茄子等蔬菜已有相当数量的国内外抗病品种供选用，有些国外抗病虫品种可以抵御 7~8 种病虫害的危害。

2. 药剂拌种

多种病菌虫卵可通过种子传播，种子处理可有效消除种子上附带的病菌虫卵，减少初侵染源。种子处理的方法主要是药剂拌种，用多菌灵或甲基托布津等可湿性粉剂拌种，用药量为每千克种子用药 4 克，注意种子及药粉均要求干燥，随配随用。

3. 土壤消毒

重点是苗床的消毒，可用电热消毒法，即用电热线温床育苗时，在播种前升温到 55℃，处理 2 小时；也可使用农药如地菌灵、根腐灵、多菌灵等进行土壤消毒处理。大面积土壤消毒最好是在夏秋季高温季节棚室蔬菜休闲期利用太阳能进行日光消毒，对于各种土传真菌、线虫具有杀伤力。

4. 嫁接育苗

嫁接育苗培育适龄壮苗，提高抗病力。嫁接苗可有效地防止多种土传病害，提高移植成活率，加速缓苗，并能增加植物对不良环境的能力，利用砧木强大的根系吸收水分和养分能力强，增产、增收效果明显。如用黑籽南瓜、瓠瓜等作砧木，嫁接黄瓜防治枯萎病，用葫芦、瓠瓜作砧木，嫁接西瓜防止枯萎病。

5. 栽培措施抑制病虫害发生

高垄栽培、膜下暗灌，保持合理栽培密度，创造适宜栽培作物生长而又抑制病虫害发生的环境条件。

（三）生物防治

生物防治是利用有益生物及其代谢产物等防治病虫害的方法。棚室是相对封闭的生态环境，一些生物防治技术比较容易推行。

1. 病原微生物及其产物防治害虫

鳞翅目幼虫可选用苏云金杆菌（Bt）乳剂、青虫菌 HD - 1 等防治，害螨可用浏阳霉素防治；斑潜蝇、小菜蛾、菜青虫等可用阿维菌素防治；蔬菜白粉病、番茄叶霉病和韭菜灰霉病、黄瓜黑星病可用武夷菌素防治；各种蔬菜白粉病、炭疽病、西瓜枯萎病等可用农抗 120 防治；茄果类蔬菜病毒病可用 83 增抗剂等防治。

2. 以食虫昆虫防治害虫

一般采用农业技术措施和优化施药技术来保护或助增天敌昆虫，也可人工释放天敌。如用甘蓝夜蛾、赤眼蜂防治棉铃虫；食蚜瘿蚊防治蚜虫；丽蚜小蜂防治温室白粉虱、烟粉虱等。

（四）物理机械防治

物理机械防治是指利用各种物理因子或器械设备防治病虫的方法。物理因子主要是温度、光、电、声、射线等；机械作用一般是人工捕杀、器械装置进行诱杀或阻隔等。

1. 趋避与诱杀

可利用黄板诱蚜或银灰色膜避蚜，在棚室内悬挂 20 厘米 ×25 厘米黄板，每亩挂 30～40 块可有效粘住烟粉虱、蚜虫、美洲斑潜蝇等，效果较好。

利用灭蛾灯诱杀叶菜、瓜、豆、葱蒜等斜纹夜蛾、甜菜夜蛾、小菜蛾等害虫成虫。使用 220 伏交流电，每 15～20 亩菜地挂一盏。挂灯高度离地面 1～1.5 米，每天 19～21 时开灯。

应用斜纹夜蛾、甜菜夜蛾、小菜蛾专用诱芯诱杀成虫，减少害虫交配机会，降低其产卵量，减轻防治压力。斜纹夜蛾、甜菜夜蛾性诱剂诱芯每2亩挂1个，悬挂高度离菜地1~1.5米，有效期30~45天；小菜蛾性诱剂诱芯每亩放5~6个性诱盆，诱盆之间相隔6~8米，有效期30~45天。

糖、醋、酒和水按3∶4∶1∶2配成糖醋液，并按5%加入90%敌百虫，用盆盛装放在离地1米的支架上，每亩放3个，白天盖好，晚上揭开，诱杀斜纹夜蛾、甘蓝夜蛾、银纹夜蛾、潜蝇、小地老虎等害虫成虫。

用银灰色遮阳网覆盖，可有效驱避蚜虫，减轻蚜虫危害。

2. 阻隔

利用18~20目防虫网全生产过程全网覆盖，可实现整个蔬菜生长过程不施用杀虫剂。

3. 人工清除

人工清除中心病株，捕杀大龄幼虫，尤其是夜蛾类害虫，把病虫株带出棚室外销毁。如当斜纹夜蛾、瓢虫等产卵成块、初孵幼虫群等为害时，采用人工摘除受害叶片集中灭之。对小地老虎幼虫、蛴螬，可在被害株及邻株根际扒土捕捉。利用茄二十八星瓢虫成虫的假死性，早晚拍打植株收集坠落之虫灭之，都是有效的防治方法。

4. 温度消毒杀死病菌虫卵

将稻草或麦秸铡成4~6厘米，每亩用500~1 000千克，撒在地面、再均匀撒施100~200千克石灰，深耕25厘米以上，铺膜后浇水，然后密闭大棚，温室15~20天，地表温度可达60℃以上，10厘米土温达50℃以上，对枯萎病、线虫及其他土传病害有较好防效。

模块十 设施蔬菜产业经营管理

设施蔬菜产业的经营和管理，是以经济学理论为基础，针对设施蔬菜生产的特点，最有效的组织人力、物力、财力等各种生产要素，通过计划、组织、协调、控制等活动，以获得显著经济效益和综合效益的全过程，科学而系统的经营管理，必定会对设施蔬菜产业的发展起到促进作用。当前设施蔬菜生产企业重视的是设施蔬菜生产管理，重视生产计划的制定、生产技术的管理、生产成本的核算管理等，而忽视经营管理，忽视经营策略、市场预测、产品的营销渠道、产品的销售策略。

一、当前我国设施蔬菜生产经营管理现状

（一）我国设施蔬菜生产的政策环境

为确保我国蔬菜生产稳定发展，降低生产成本，提高蔬菜生产的效率效益，实现可持续发展的目标，提高蔬菜供应的水平。国家、省、市各级人民政府均制定了支持蔬菜发展的相关政策。

1. 强化"菜篮子"市长负责制

为确保城市郊区蔬菜生产面积不降低，生产能力不下降，要求各级人民政府实行更严格的占补平衡和补偿机制，稳定和增加大城市郊区蔬菜种植面积，实行菜地最低保有量制度，切实增强本地应季蔬菜的自给能力。建立健全"菜篮子"市长负责制考核评价体系，将新菜地开发建设基金征收与使用、常年菜地保有量、重要蔬菜产品自给率、调节稳定蔬菜价格的政策措施、蔬菜产品质量合格率等重要指标进行量化，加强蔬菜生产、流通、质

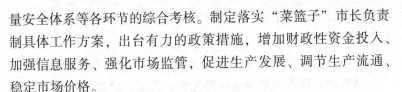

量安全体系等各环节的综合考核。制定落实"菜篮子"市长负责制具体工作方案，出台有力的政策措施，增加财政性资金投入、加强信息服务、强化市场监管，促进生产发展、调节生产流通、稳定市场价格。

2. 加大财政资金投入，加强设施蔬菜生产基地建设

加大对重点蔬菜生产基地建设的资金和政策支持力度，提高蔬菜生产水平和重要时节的应急供应能力。《全国蔬菜产业发展规划（2011—2020 年）》中提出设施蔬菜产业重点县要通过建设高效节能日光温室（北方）、钢架大棚（南方），提高蔬菜持续均衡生产能力。灌溉系统尽可能采用管道输水和微灌等高效节水技术，配备田间贮水池和排灌泵房，完善排水系统，有条件的地方采用水肥一体化设施。完善田间道路、供电及其他设施。并要求各级人民政府将蔬菜生产基地和市场建设纳入国民经济和社会发展规划，加大扶持力度

3. 改善蔬菜流通设施条件，确保销售渠道通畅

加快实施《农产品冷链物流发展规划》，加强产地蔬菜预冷设施、批发市场冷藏设施、大城市蔬菜低温配送中心建设。加快产地农产品批发市场建设，升级改造一批大型蔬菜批发市场，支持城市菜市场建设改造。加强产销地铁路专用线、铁路冷藏运输车辆及场站设施建设，促进大批量、长距离蔬菜的铁路运输。

4. 落实和完善"绿色通道"政策，提高蔬菜流通效率

在全国范围内对整车合法装载运输鲜活农产品的车辆免收车辆通行费。扩大"绿色通道"政策覆盖的蔬菜品种范围，混装的其他农产品不超过车辆核定载质量或车厢容积20%的车辆，比照整车装载鲜活农产品车辆执行；对超限超载幅度不超过5%的鲜活农产品运输车辆，比照合法装载车辆执行。

5. 大力扶持蔬菜生产合作社发展，提高蔬菜产销组织化程度引导大型零售流通企业和学校、酒店等最终用户与产地蔬菜

生产合作社、批发市场、龙头企业等直接对接，促进蔬菜产区和销区建立产销关系。

6. 强化蔬菜信息体系建设，为蔬菜生产销售提供信息服务

抓紧建立覆盖主要蔬菜品种生产、流通、消费各个环节的信息监测、预警和发布制度，强化对蔬菜生产、市场和价格走势的分析预警，引导蔬菜种植户、经营者合理安排生产经营活动。严肃查处捏造、散布虚假价格信息行为。

7. 对蔬菜生产种植大户、家庭农场、蔬菜生产合作社进行补贴

为贯彻落实国务院 2010 年 40 号文关于"大力发展农业生产、稳定农副产品供应"的精神，各地纷纷采取措施，加大蔬菜生产扶持力度。

（1）对建设的蔬菜生产设施进行补贴。北京对"两区两带多群落日光温室和大棚建设项目"按中高档温室每亩 1.5 万元，简易温室 1 万元，钢架大棚 0.4 万元进行补贴；对"百村万户一户一棚工程"按中高档温室每亩 4 万元；简易温室 2 万元；钢架大棚 1.5 万元进行补贴。天津对新型节能温室每亩建筑面积补贴 7 000元，普通温室补贴 4 200元，钢骨架塑料大棚补贴 2 500元，普通塑料大棚补贴 1 200元。陕西对日光温室每亩补贴 1 200元，设施大棚每亩补贴 750 元。宁夏回族自治区对中部干旱和南部山区日光温室、大中拱棚、小拱棚建设每亩分别补贴 3 000元、1 000元和200 元。

（2）对蔬菜生产经营主体进行补贴。天津对每 50 亩以上的设施蔬菜小区给予 10 万元的补贴；辽宁对在工商部门注册 2 年以上，带动农户 200 户以上、经营状况好的蔬菜生产专业合作社，给予 13 万元的政策扶持资金，扶持生产合作社发展。

（3）对蔬菜销售企业进行奖励性补贴。上海对年配送净菜销售额在 500 万元以上的专业合作社、龙头企业奖励 5 万元，销售

额在 1 000 万元以上的奖励 10 万元，销售额在 2 000 万元以上的奖励 15 万元的。

（二）我国设施蔬菜生产经营的投资风险

1. 设施蔬菜生产的产业政策风险

中国的蔬菜产业发展受国家宏观调控政策的影响较大，如我国的经济政策、货币利率政策、土地政策和农村经济政策等都会对蔬菜生产产生直接的影响。还会对其产业链的上游或下游产品的生产和服务产生影响，从而影响整个蔬菜产业，产生产业政策风险。

2. 设施蔬菜生产的自然灾害风险

当前蔬菜的生产依然主要靠自然条件和人工技术，自然条件直接影响蔬菜产业的经济效益。在较差的自然条件下，依靠生产设施抵御自然灾害对蔬菜生产的影响就显得非常重要。在农业生产基础设施的条件较差时，就会产生蔬菜设施生产的自然灾害风险。

3. 设施蔬菜生产的市场风险

我国的设施蔬菜生产经营主体较多，尤其是家庭农户、种植大户所占的比重还很大，他们在生产经营时对市场的分析、判断、预测能力还比较弱，很容易出现盲目生产导致的蔬菜产品滞销风险；由于蔬菜市场分析调查预测的市场价格信息与蔬菜产品供应市场时的市场现价之间存在误差或变化的机会，而造成蔬菜生产的市场机会风险。蔬菜生产具有不可逆的市场机会风险，生产市场变化的不确定性和蔬菜生产的盲目性会导致市场机会风险放大。

4. 设施蔬菜生产的产业链不稳定性风险

当前，我国设施蔬菜生产的产业链主要有蔬菜生产的种子、农资、技术、设施设备供应环节，服务主体与生产主体之间约束性弱，服务主体利润分配高；蔬菜生产农户和龙头企业之间合作模式松散，蔬菜产品市场较差时企业毁约伤害蔬菜生产农户利益，蔬菜市场情况很好时，蔬菜生产农户毁约伤害龙头企业利益。蔬菜生产、服务、销售环节经营主体之间的关系松散、利益分配不合理时极易造成蔬菜生产产业链的不稳定性。

5. 设施蔬菜生产产品质量风险

由于我国的设施蔬菜生产经营主体依然是以一家一户的生产经营模式为主，菜农的组织化程度不高、生产技术标准差异大，尤其是在病虫害防治技术的应用上，具有盲目性和随意性。产品质量存在较大的质量风险。

6. 设施蔬菜生产的土壤资源风险

设施蔬菜生产的过程中大量使用化肥、农药和激素，造成土壤理化性状恶化、土壤质地下降，形成土壤盐渍化现象，造成土壤自毒抑制功能降低，土壤质量退化形成土壤连作障碍。由于农药的大量使用，土壤中残留了大量难降解的农药成分残留，给土壤造成危害。

（三）我国设施蔬菜生产经营的风险规避

1. 政策风险的规避

与设施蔬菜生产相关的经济政策、土地政策、货币政策制度化、常态化，政府应按照稳定发展的原则，确定创造适合设施蔬菜发展的经济政策、土地政策、货币政策等，并使其常态化、制度化。保持设施蔬菜发展的稳定性。

2. 自然灾害风险的规避

加强对设施蔬菜基地设施建设的支持力度，提高抵御灾害能力。对自然灾害风险的规避措施主要有以下几种。

（1）加强自然灾害的预测预报的服务能力，提高预测预报的准确性和及时发布预测预报的时效性以及通过多种媒体发布的覆盖能力的提高，使设施蔬菜生产经营者提前准备自然灾害应急办法，使灾害损失降到最低。

（2）继续加大对蔬菜生产设施建设的资金支持力度，包括设施蔬菜生产的土壤改良、温室大棚的设计合理性和建设质量，提高设施的抗风、防雨、保温性能。

（3）完善蔬菜保险产品，和灾后补贴。当前我国也已经推出了设施蔬菜生产的保险制度，各地也加大了对设施蔬菜参与保险给予补贴的政策。如陕西省实行设施蔬菜"银保富"政策。每亩设施蔬菜标准日光温室大棚需缴纳保费400元，其中财政部门承担280元。在突发自然灾害后，政府应及时出台灾后设施蔬菜生产补贴政策，提高生产者搞好灾后恢复生产的积极性，各地政府均建立了蔬菜生产自然灾害风险补贴专项资金。

3. 市场风险的规避

市场风险具有随机性，变化性，但是，也是可以预防的。首先蔬菜生产种植者应科学合理的根据市场分析和消费者需求调查，合理安排蔬菜生产的种植结构和品种结构，真正实现"人无我有、人有我优、人多我调"的灵活种植模式；其次是加大对蔬菜产品销售信息的了解，对全国蔬菜市场菜量和菜价信息的全面了解和分析，疏通销售渠道，确保蔬菜产品销售利益最大化；再次对蔬菜销售经纪人和企业加大扶持力度，一个是根据销售业绩进行奖励性补贴；一个是加强贷款扶持保证有足够资金参与蔬菜经营。

4. 蔬菜生产产业链不稳定风险的规避

完善蔬菜生产产业链内的利益分配制度，构建产业链生产服务部门、农户、蔬菜生产合作社、经纪人、龙头企业、政府管理部门之间在分工协作基础上合理稳定的利益分配关系，鼓励龙头企业与蔬菜生产企业和菜农建立建立稳定的产供销关系，尽量科学合理分配各环节的利益，确保双方合作积极性；蔬菜生产技术服务部门应与蔬菜生产企业和菜农之间建立共担风险、共享利润的利益共同体；可以实行蔬菜产品代销制度，根据代销成本核算，制定合理的代销利润分成比例，使销售商和生产者的利润分配合理化。

5. 蔬菜产品质量风险的规避

加快蔬菜生产标准的制定，环境保证体系和质量监管体系的建设，做到蔬菜设施生产有标准，产品质量有监管。同时要加强蔬菜产业化基地建设，推进规模生产与经营，积极培育蔬菜生产企业、家庭农场和种植大户，争取实行统一供种、统一灌溉、统一施肥、统一病虫害防治、统一销售，控制从种子供应、水肥管理、病虫害防治、采收销售各个环节的质量标准，确保蔬菜生产的产品质量达标。

6. 设施蔬菜生产土壤资源的风险规避

积极推行设施蔬菜无公害生产技术，加强对蔬菜无公害生产过程的监督检查，杜绝高残农药的使用，增施有机肥料和采用平衡施肥方法，减少化学肥料的使用。在规模生产经营的蔬菜企业，积极推广无土栽培技术。

（四）我国设施蔬菜生产经营模式与规模

2014 年我国的设施蔬菜面积达 5 793 万亩，设施瓜菜类产量达 2.6 亿吨，设施蔬菜的产量，质量安全程度也在不断提高，设施蔬菜发展正向规模化、标准化、优质化、商品化方向发展。我国设施蔬菜生产经营模式也正在由家庭农户经营向家庭农场、蔬菜生产专业合作社、蔬菜生产企业经营等多种经营模式进行转变。

1. 家庭农户经营模式

家庭农户经营是我国农业生产经营模式的一种基本模式。家庭农户经营，是指以家庭为生产或经销活动单位，具有独立的或相对独立的经营自主权的生产经营单位。家庭农户经营的土地属于社区性合作经济组织集体所有，农户通过承包合同获得土地使用权，所以一般规模比较小，按当地户均承包土地数量为主，不存在承租土地，所以一般经营设施蔬菜生产规模在 3 ~ 5 亩。根据从事蔬菜生产的专业性又分为兼业农户经营和专业农户经营，兼业农户经营是指家庭农户经营承包土地生产时，除了蔬菜生产经营外，还从事有农业和其他产业经营项目。专业农户经营是指家庭农户成员专业从事于经营承包土地的蔬菜生产经营。城市郊区蔬菜专业农户经营为主，农村兼业农户经营为辅。

2. 蔬菜专业生产大户经营模式

蔬菜专业生产大户经营是指家庭农户在进行蔬菜生产经营时通过承租别的家庭土地，在生产繁忙时间有临时雇工现象的一种在家庭农户经营基础上扩大规模的一种经营方式。一般经营设施蔬菜生产规模在 5 ~ 20 亩。投资规模在 5 万 ~ 20 万元。

3. 家庭农场经营模式

家庭农场经营模式是家庭农户经营的最高级模式。家庭农场是以农户家庭为基本单位，以市场为导向，以利润最大化为目标，实行自主经营、自我积累、自我发展、自负盈亏和科学管理，具有一定规模和竞争力的经济实体。家庭农场经营指家庭农场从本身所处的内外环境条件出发，围绕自身发展需要和利润最大化目标，在相关法律法规范围内所从事的有目的的经济活动。它具有以农户家庭为基本组织和核算单位，以利润最大化为目标；以家庭成员为主要劳动力；农场主综合素质较高；家庭农场规模适度；机械化、自动化、信息化水平高，具有可持续发展能力等特点。

我国的家庭农场经营模式很早出现在国有农场的分租和承包经营，截至 2012 年年底，全国 30 个省、区、市（不含西藏自治区）共有符合本次统计调查条件的家庭农场 87.7 万个，经营耕地面积达到 1.76 亿亩，占全国承包耕地面积的 13.4%。平均每个家庭农场有劳动力 6.01 人，其中，家庭成员 4.33 人，长期雇工 1.68 人。家庭农场平均经营规模达到 200.2 亩，是全国承包农户平均经营耕地面积 7.5 亩的近 27 倍。其中，经营规模 50 亩以下的有 48.42 万个，占家庭农场总数的 55.2%；50~100 亩的有 18.98 万个，占 21.6%；100 ~ 500 亩的有 17.07 万个，占 19.5%；500~1 000 亩的有 1.58 万个，占 1.8%；1 000 亩以上的有 1.65 万个，占 1.9%。2012 年全国家庭农场经营总收入为 1 620 亿元，平均每个家庭农场为 18.47 万元。由于设施蔬菜生产的高技术、高投入特点，家庭农场设施蔬菜经营规模以 20 ~ 50 亩为宜，投资规模 20 万~100 万元。

4. 蔬菜生产专业合作社经营模式

农民专业合作社是在农村家庭承包经营基础上，同类农产品的生产经营者或者同类农业生产经营服务的提供者、利用者，自愿联合、民主管理的互助性经济组织。蔬菜生产专业合作社经营模式一般采用"合作社 + 基地 + 农户"运营模式，农户以合作的方式，生产、销售同样的产品，联合采购生产资料和技术服务，甚至自己发展一些初级的加工生产，通过合作来形成相对大的生产经营规模，产品销售的能力，提高产品销售价格，降低生产资料采购价格，更方便地获得技术服务，从而增加生产经营的经济效益。截止 2012 年 3 月底，全国注册登记的专业合作社 55.23 万家，入社农户 4 300 万户，约占全国农村人口总数的 17.2%。一般蔬菜生产专业合作社的经营规模在 300 ~ 3 000 亩，但是，设施蔬菜生产投入大，一般 50 ~ 300 亩为宜。

5. 蔬菜生产企业建立蔬菜生产园区模式

为做好农业高新技术的研究、推广、应用，2001 年国家科技部、农业部等六部委联合启动了国家农业高科技园区建设项目。到 2004 年年底已经建设 36 个国家级农业高科技园区，2010 年和

2011 年又分别创建了 18 个和 27 个国家级农业高科技园区。以政府搭台、企业唱戏为模式，快速推进农业科技的示范推广。

现代农业园区是以农业科技密集为特点，以农业科技开发、示范、辐射、推广为主要内容，促进区域农业结构调整和产业升级为目标。现代蔬菜生产园区经营模式是以"利益共享、风险共担"为原则，以产品、技术、服务为纽带，利用自身优势、有选择的介入蔬菜生产、加工、流通和销售环节，有效促进蔬菜产品增值，积极推进蔬菜生产产业化经营，促进农民增收。

现代蔬菜生产园区的规模一般比较大，包含的蔬菜生产经营的环节和类型比较丰富，一般蔬菜生产经营的规模在 1 000 ~ 5 000 亩，设施蔬菜生产经营的规模一般在 500 ~ 1 000 亩。

二、设施蔬菜产业的生产管理

随着我国蔬菜生产的规模化、标准化发展，产销规模日益扩大，产业链进一步拉长，从业人员不断增加。蔬菜生产需要考虑的环节越来越多，如生产计划的制定与落实、生产技术管理成本核算等。进行有效的生产管理，是设施蔬菜生产管理达到预期目标的基础。设施蔬菜的生产管理主要包括生产计划的制定、生产技术的管理、生产成本的核算等。

（一）设施蔬菜的生产计划制定

设施蔬菜生产计划是蔬菜种植大户、农民合作社、企业蔬菜经营计划中的重要部分，通常是对蔬菜生产企业的计划期内的生产任务做出的的统筹安排，规定计划期内生产的蔬菜品种、数量和质量等计划指标，是设施蔬菜生产日常管理的依据。

1. 制定设施蔬菜的生产计划应遵循的原则

制定设施蔬菜的生产计划首先要遵循市场导向的原则，以市场需求为导向，确定种植什么样的蔬菜种类，种植多大规模，季节生产茬口的衔接等应与目标市场的消费需求相适应，同时要根据市场需求的变化随时调整生产计划。制定生产计划要考虑当地的自然条件和生产条件，如土壤肥力、气温、积温、降水量、无霜期等，结合本地区气候、生态条件特点因地制宜的安排合适的蔬菜生产种类和品种。在制定设施蔬菜生产计划时一定要长期坚持质量安全的原则，严格按照无公害蔬菜生产和绿色蔬菜的生产规程和要求进行安排。在制定设施蔬菜生产规划时要考虑可持续发展的原则，在茬口安排上要注意轮作、间作套种、休闲养地、水资源管理与栽培配套技术的应用等环节上合理安排，创造良好的设施蔬菜生产环境。

2. 制定设施蔬菜的生产计划的任务

制定设施蔬菜生产计划的任务就是充分利用蔬菜生产单位的生产能力和资源，保证生产的蔬菜在适宜的生态环境条件下生长发育，进行蔬菜产品的周年供应，按质、按量、按时生产出蔬菜产品，按期限完成订货合同，满足市场需求，尽可能提高蔬菜生产者的经济效益。

3. 设施蔬菜生产计划的内容

（1）设施蔬菜生产的规模。设施蔬菜生产的规模应该根据市场的需求、消费的需求、生产者的生产能力合理确定。市场需求和消费需求要根据目标市场的消费人群的消费习惯来确定。生产者的生产能力也是设施蔬菜发展的制约因素，设施蔬菜生产是一个高收益、高投入、高风险的产业，一定要根据生产能力确定合理的经营规模。

（2）种植种类和品种确定。种植种类和品种要考虑人力、物力、土地、气候等因素，在一个设施蔬菜生产基地上不能单一种植一类蔬菜种类和品种，要根据市场和消费需求，一般要求中型的生产企业做到每个季节生产的蔬菜种类 5~10 种，当季正收获的蔬菜种类 3 ~ 5 种，可满足不同消费者对种类和品种的基本需求。同一蔬菜其品种间应有合理的搭配，避免因品种单一造成病虫害流行而对设施蔬菜生产造成较大损失，同时也要避开因采收集中上市而影响均衡供给和经济效益。每种蔬菜的种植规模则应根据其采收期、贮藏期长短、单位面积商品设施蔬菜产量等综合确定。

（3）茬口安排与布局确定。科学合理的蔬菜茬口安排可以最大限度地满足蔬菜作物生长发育对环境条件的要求，从而达到高产优质高效益的目的。同时，还可以充分利用土壤肥力、水分、减少病虫草害、节约设施投资，降低成本，调节蔬菜的上市期，克服淡旺季，实现周年均衡供应，满足市场需求。应该根据各地设施生产类型特点和消费需求特点，确定主栽品种的茬口安排。

（4）田间栽培管理方案确定。落实种植计划是以田间栽培管理方案来体现的，因此生产者或企业还需指定一套适应种植计划的田间栽培管理方案。主要包括设施蔬菜基地的土壤培肥与利用计划（整地、培肥、茬口安排、用地养地结合、设施设备利用、轮作及间套作等）、生产资料采购与使用计划（种子种苗、土壤培肥和改良物质、植物保护产品、清洁剂和消毒剂等有机蔬菜生产中允许使用的投入品）、田间栽培管理操作与记录计划（整地、播种、育苗、定植、肥水管理、中耕、培土、整枝、搭架、病虫草害防治、采收及采后处理等）、用工计划、管理体系建设计划、从业人员技术培训计划、流动资金合理分配与利用计划、无公害蔬菜和绿色蔬菜产品标识的管理及使用计划等。

（二）设施蔬菜生产的技术管理

设施蔬菜生产属于技术密集型与劳动密集型产业，要想达到预期生产目标，就要掌握其综合管理技术，并规范生产技术管理。设施蔬菜生产的技术管理就是在设施蔬菜生产中对各项技术活动过程和技术工作的各种要素进行科学管理的总称。

（1）建立健全技术管理体系。建立健全技术管理体系的目的在于加强技术管理，提高技术应用水平，发挥新技术的科学生产优势。大型蔬菜生产企业可以设总工程师为责任人的三级技术管理体系，即公司设总工程师和技术部，技术部设主任工程师和技术科，技术科内设设施蔬菜生产需要的各类技术员，中小型企业和农民合作社要设技术科，种植大户要聘请技术员。

（2）建立健全技术管理制度。国家规定蔬菜质量出现问题，当地政府负总责，蔬菜生产者负第一责任，其他部门各负其责任。设施蔬菜生产企业必须执行技术责任制，为充分发挥各级技术人员的积极性和创造性，应赋予他们一定权利和责任，确保蔬菜生产安全和产品质量安全。一般分为技术领导责任制、技术部门责任制、技术员技术责任制。

（三）设施蔬菜生产成本核算办法

成本是以货币表现的商品生产中活劳动和物化劳动的耗费。商品生产过程中，生产某种产品所耗费的全部社会劳动分为物化劳动和活劳动两部分。物化劳动是指生产过程中所耗费的各种生产资料，如种子、农药、化肥、设施等。活劳动是指生产过程中所耗费的生产者的劳动。物化劳动和活劳动是形成产品生产成本的基础。对于一个生产单位来说，如种植户、农场及各种工业企业等，在一定时期内生产一定数量的产品所支付的全部生产费用，就是产品的生产成本。

1. 设施蔬菜生产物质费用

设施蔬菜生产的物质费用主要是指完成蔬菜生产过程所消耗的生产资料费用。

（1）种子费。外购种子或调换的良种按实际支出金额计算，自产留用的种子按中等收购价格计算。种子费包括种子费用和种子运输费用。

（2）肥料费。商品化肥或外购农家肥按购买价加运杂费计价，种植的绿肥按其种子和肥料消耗费计价，自备农家肥按规定的分等级单价和实际施用量计算。

（3）农药费。按蔬菜生产过程中实际消耗的农药量，分别按价格计价。

（4）设施费。设施蔬菜生产过程中使用的温室、大棚、中小拱栅、温床、棚膜、地膜、防虫网、遮阳网等设施，根据实际使用情况计价。对于可多年使用的大棚、防虫网、遮阳网等设施要进行折旧，一次性的地膜等可以一次按使用量和价格计算。

折旧费 =（物品的原值 - 物品的残值）× 本种植项目使用年限/折旧年限

（5）机械作业费。凡请别人操作或租用农机具作业的按所支付的金额计算。如用自有的农机具作业的，应按实际支付的油料费、修理费、机器折旧费等费用，折算出每亩支付金额，再按蔬菜面积计入成本。

（6）排灌作业费。如果排灌作业出租，按蔬菜实际排灌的面积、次数和实际收费金额计算。设施内喷灌、滴灌系统应按照实际支付电费、修理费、灌溉设备折旧费等费用，折算出每亩支付金额，再按蔬菜面积计入成本。

（7）管理费及其他费用。蔬菜生产经营企业和种植户为组织与管理蔬菜生产而支出的费用，如差旅费、邮电通信费、调研费、办公用品费、技术资料费、贷款利息等。如是承包经营的承包费也应列入管理费核算。其他支出如运输费用、包装费用、租金支出、栽培设施建造费用等也要如实入账登记。

2. 设施蔬菜生产人工费用

当前我国的设施蔬菜生产一般采用的是塑料日光温室和大棚生产，设施现代化程度比较低，在设施蔬菜生产过程中仍需要大量的人工。同时我国的设施蔬菜生产经营方式正在向规模生产经营方向发展，设施蔬菜生产经营过程中也需要大量的用工。设施蔬菜生产人工费用主要包括生产间接用工和生产直接用工。

（1）生产间接用工。生产间接用工是指从事管理工作或后勤服务工人的工资、福利费用，是规模生产的蔬菜生产企业的企业行政管理部门为组织和管理生产经营活动而发生的各种费用，主要是针对管理部门，管理费用是一种期间费用。对于个体菜农而言，生产的间接用工就相对比较少。

（2）生产直接用工。指直接从事设施蔬菜生产的生产人员的工资、工资性津帖、奖金、福利费。包括机械操作人员的人工费用，发生时直接计入生产成本。

3. 设施蔬菜生产成本核算

设施蔬菜成本核算要根据不同蔬菜种类，分别核算。首先要汇总某种蔬菜的生产总成本，在此基础上计算出该种蔬菜的单位面积（亩）成本和单位质量（千克）成本。生产某种蔬菜所消耗掉的物质费用加上人工费用，就是某种蔬菜的生产总成本。如果某种蔬菜的副产品（如瓜果皮、茎叶）具有一定的经济价值时，计算蔬菜主产品（如食用器官）的单位质量成本时，要把副产品的价值从生产总成本中扣除。

生产总成本＝物质费用＋人工费用

物质费用＝种子费＋肥料费＋农药费＋设施费＋机械作业费＋排灌作业费＋管理费＋其他

人工费用＝间接人工费用＋直接人工费用

单位面积成本＝生产总成本/种植面积。

单位质量成本＝（生产总成本－副产品的价值）/总产量

三、设施蔬菜产业的经营管理

蔬菜生产直接关系到人们生活水平质量的提高，设施蔬菜生产在满足人们对新鲜蔬菜的周年供应需求上具有重要意义。国家虽然在政策和财力上对设施蔬菜的生产予以支持，但是，在社会主义市场经济体制下，对一个蔬菜生产企业，也是一个相对独立的经济实体、自主经营和自负盈亏的社会主义商品生产者和经营者，不仅要通过生产过程把物质产品生产出来，形成商品的使用价值和价值，而且还要通过流通领域把产品销售出去，送到消费者手里，以实现商品的使用价值和价值的统一。这样，企业才能不断扩大再生产，才能获得不断增长的经济效益。对于蔬菜生产企业的经营意识、经营理念、经营手段等都有了较高的要求，企业要想达到预期的生产目标和效益目标，必须有较高的经营管理水平。设施蔬菜的经营管理主要包括经营策略、市场预测、产品的营销渠道、产品的市场营销策略等。

（一）经营策略

所谓经营策略是指企业为了实现其经营目标，对企业外部环境变化与竞争力量消长趋势所做的反映与对策，是企业在处理同外部的经济活动时所采取的方式或艺术。以形成竞争优势和创造生存与发展空间，如市场营销策略、产品开发策略等。经营策略不能一成不变，必须随内部条件、外部环境的变动而调整。

蔬菜同其他商品一样，经营也是以盈利为主，但在其追求经济利益的同时还要兼顾社会效益，蔬菜消费最注重产品的质量，关系到人体健康和生命安全，产品质量不达标的蔬菜产品不得进入市场销售，所以蔬菜产品质量是经营管理的重点。当前最基础的要求是必须进行无公害生产，中高端产品可以生产绿色蔬菜和有机蔬菜产品。较小的蔬菜生产者一般可以从事蔬菜的无公害生产，较大的蔬菜生产公司和农民合作社可以考虑生产绿色蔬菜和有机蔬菜，也便于组织中高端产品的营销。

（二）市场预测

由于设施蔬菜生产受气候、天气变化影响大、生产技术环节多并要求精细管理，受供求关系的影响，市场波动性大，设施蔬菜生产经营的气候灾害风险、技术应用风险和市场波动风险都相对较高。因此，经营者提高风险意识，多进行市场调查预测，加强自己规避风险的能力尤为重要。

1. 市场预测的途径

通过政府文件、网站、所属专业机构获得上年蔬菜生产的相关信息，对相关信息通过经验进行比较，得出当前蔬菜市场发展的总趋势，找到和经营者自己种植的蔬菜种类和品种之间的关系；进入市场和深入群众，通过访问、观察和发放调查表的方式获得蔬菜市场相关的信息；查阅相关媒体专业人士发布的蔬菜市场预测的走势信息；同行言行观察，主要观察同行的投资积极性和购种、育苗等生产过程，合理安排自己的蔬菜生产茬口。

2. 市场预测的类型

市场需求的预测，首先调查清楚目标市场区域的人口数量、年龄结构及发展趋势，蔬菜食用风俗状况，人口数量决定平均消费水平，年龄结构决定着消费量和档次；其次是调查该区域家庭收入水平，家庭收入水平决定着蔬菜产品的消费档次。

市场占有率的预测主要是调查该企业所生产的蔬菜产品在市场上的销售量和销售额与市场上同类产品的全部销售量和销售额之间的比率。影响市场占有率的主要因素是蔬菜的品种、质量、价格、鲜度等。

（三）蔬菜产品的市场营销渠道

产品的营销渠道是指蔬菜产品被蔬菜生产者转移到消费者的途径，是蔬菜生产发展的关键。

1. 生产直供型

即由蔬菜生产者直接提供蔬菜商品给蔬菜消费者，一般从事小规模生产的菜农生产的蔬菜产品采用生产直供型。

2. 生产直销型

生产直销型又叫批发市场渠道。即蔬菜生产者→蔬菜零售商→蔬菜消费者。这种形式常见于蔬菜零售商的直接采购、饮食业采购、共同上市及城市近郊蔬菜生产者出售蔬菜商品的形式。

3. 收集型

收集型又叫超市型。即蔬菜生产者→产地蔬菜收购商→蔬菜零售商→蔬菜消费者。个体农民经纪人一般采用收集型。

4. 分配型

分配型又叫终端销售型，即蔬菜生产者→消费地蔬菜批发商→蔬菜零售商→蔬菜消费者。个体农民经纪人和农民合作社蔬菜生产和经营者一般采用分配型。

5. 完全型

即蔬菜生产者→产地蔬菜收购商→消费地蔬菜批发商→蔬菜零售商→蔬菜消费者。大型蔬菜生产经营企业一般采用完全性。

（四）设施蔬菜产品市场营销策略

设施蔬菜产品市场营销就是指为了满足人们的需求和欲望而实现设施蔬菜产品潜在交换的活动过程。设施蔬菜产品营销是设施蔬菜产品生产者与经营者个人或群体，在设施蔬菜产品从农户到消费者流程中，实现个人和社会需求目标的各种产品创造和产品交易的一系列活动。设施蔬菜产品以反季节生产供应商品性强、外观美、无公害、口感好等优点的新鲜蔬菜而受到消费者的青睐。然而，由于设施蔬菜生产产量高、周期短、速度快，如果不及时做好蔬菜产品的市场营销工作，而导致大量新鲜蔬菜仓促上市、低价抛售，从而造成设施蔬菜生产效益降低。可见搞好设施蔬菜产品的市场营销策略，是实现丰产增效的关键。

1. 产品策略

通过采用科学的先进技术，更新、开发名优产品或者通过各种设施设备进行反季节生产，使本企业生产的蔬菜产品达到人无我有、人有我优的状态。靠新产品占领市场。新产品开发过程一般包括新产品构想的形成、新产品构想的筛选、概念产品的形成与检验、经营分析、制出样品、市场试销、正式生产投放市场。新产品开发成功以后，还需上市成功，这意味着新产品被消费者采用并不断扩散。新产品开发是从营销策略出发所采取的行动，因此首先必须是适应社会经济发展需要，适销对路的产品。没有市场的产品，对企业而言再新也没有意义。

2. 价格策略

在设施蔬菜生产的产品销售中，价格是产品成交的关键。制定好合适的价格是设施蔬菜产品营销的重要环节。

（1）随行就市策略。蔬菜产品进入一个新的区域，在开始制定菜价时应按照"随行就市"的原则，以市场物价为参照，在保证产品质量与分量的同时，及时调整菜品价格；一般不得高于同类蔬菜的价格。

（2）优惠价格策略。在蔬菜产品交易过程中，为促进扩大交易而制定出一定的优惠原则。如现金折扣，蔬菜生产者或销售者为鼓励蔬菜购买者提前付款，常常按原价给予一点折扣；数量折扣是蔬菜生产者为刺激蔬菜购买者大量购买给予优惠，购买量越大，折扣率越高。

（3）差别定价策略。设施蔬菜产品在实际的销售中，价格的制定要最大限度的符合市场需求，根据消费者、商品形式、时间、位置等的差别而进行定价。如蔬菜销售时根据所处的城市不同同一蔬菜的价格制定得就不一样，城市越大越发达，定价一般越高，主要原因是发达城市人民群众的平均收入高；销售时蔬菜

产品有无包装，同一蔬菜产品规格，制定价格也不一样。

（4）心理价格策略。心理价格策略也是利用消费者对购买产品价格心理上的认知行为进行定价的策略。主要有声望定价策略，如有机蔬菜价格定得高，绿色蔬菜价格次之，无公害蔬菜价格更低一些，符合消费者的消费心理，高价显示了商品的优质，也显示了购买者的身份和地位，给予消费者精神上的极大满足；习惯定价策略是指根据目标顾客群体长期对该类产品价格的认同和接受水平进行定价，如在不同的季节，番茄的定价不断变化，随着露地番茄的大量产出，价格不断下降，并且幅度较大。

（5）地区价格策略。地区价格策略是把市场根据距离的远近分成若干个区域，每个区域内实行相同的价格。这种策略能在一定的程度上减少统一定价策略带来的离销售地点近的买者在运费上补贴了离销售距离远的买者。

3. 分销策略

设施疏菜产品分销策略就是使设施蔬菜产品以适当的数量和地域分布来适时地满足目标市场的顾客需要。分销渠道策略主要涉及分销渠道及其结构；分销渠道策略的选择与管理；批发商与零售商及实体分配等内容。

（1）分销渠道及其结构。设施蔬菜产品分销渠道是指设施蔬菜产品从蔬菜生产者向消费者移动时取得这种货物和劳务的所有权或帮助转移其所有权的所有企业和个人。它主要包括商人中间商，代理中间商，以及处于渠道起点和终点的生产者与消费者。

（2）分销渠道的类型。直接渠道，指生产企业或生产者不通过中间商环节，直接将产品销售给消费者。从事小规模设施蔬菜生产的菜农或种植大户，由于生产规模小，不满足长距离销售的条件。间接渠道，指生产企业通过中间商环节把产品传送到消费者手中。间接分销渠道是消费品分销的主要类型，如大型蔬菜生产企业和农民合作社。

（3）分销渠道的选择。分销渠道的选择必须遵守经济性、可控性和适应性，其中经济性是最主要的。

（4）分销渠道的管理。分销渠道建立起来后，企业必须对渠道整体及各中间商进行日常管理、监督、指导，采取措施激励渠道成员，使之能尽心尽力地为本企业销售产品。这就要求制定相应的渠道管理政策，明确渠道成员职责、分享利益，对中间商实施激励与控制，了解成员的不同需要，化解冲突，适时进行调整，保证分销渠道稳定运行和发展。渠道管理是一项复杂而困难的工作，同时也是一项全面系统的工作，从渠道管理的内容上看，渠道管理主要包括渠道成员的挑选、经销商激励与控制、渠道的冲突与解决和渠道的调整等。

4. 促销策略

促销策略是指企业如何通过人员推销、广告、公共关系和营业推广等各种促销方式，向消费者或用户传递产品信息，引起他们的注意和兴趣，激发他们的购买欲望和购买行为，以达到扩大销售的目的的一项活动。

（1）品牌与标准促销策略。品牌和标准促销策略是指给蔬菜产品注册商标，进行质量标准认证，进而达到蔬菜产品销售增加的活动。蔬菜要想占领扩大国内外市场，首先应创立一个良好的品牌。山东、浙江、河南等许多地方都为蔬菜注册了商标，创出了响亮的品牌，如上海的"高榕"蔬菜市场销量一直上扬，这些蔬菜产品依托品牌效应，走进市场、走出国门，取得了很好的经济；河南省扶沟县的"安全、放心、绿色、健康"的扶沟蔬菜已形成自己的品牌，"扶沟蔬菜"商标被评为"全国果蔬十大知名品牌"，"鑫福口"和"扶绿"等品牌蔬菜已销往日、韩等6个国家和全国30多个大中城市，并免检进入北京各大蔬菜市场。

（2）人员推销策略。人员推销是指企业派出推销人员与一个或一个以上可能成为购买者的人交谈，作口头陈述，以推销商品，促进和扩大销售。目前，我国蔬菜人员推销主要是依靠农民经纪人和销售大户进行的。但是，在越来越多的农产品进入超市、专柜销售后，使用现场促销人员显得越来越重要了。

（3）广告促销策略。广告促销策略是指利用广告促进产品销售的策略。蔬菜销售投入一定的广告宣传以维护产品和品牌形象是十分必要的。我们应根据蔬菜产品自身的特点在专业性报纸杂志以及小区域范围的广播、电视等媒体上进行广告宣传。

（4）营业推广策略。营业推广策略，又称销售促进策略，是指那些不同于人员推销、广告和公共关系的销售活动，它旨在激发消费者购买和促进经销商的效率。它一般只作为人员推销和广告的补充方式，其刺激性很强、吸引力大。

（5）公共关系策略。公共关系是指某一组织为改善与社会公众的关系，促进公众对组织的认识，理解及支持，达到树立良好组织形象、促进商品销售目的的一系列促销活动。蔬菜生产经营企业应充分利用广播、电视、报纸杂志、科普读物、广告及互联网等传媒，宣传无公害、绿色、有机、特色蔬菜的知识，帮助消费者树立自我保护意识和绿色消费观念。

（6）网络促销策略。网络促销是指利用互联网进行蔬菜销售的策略。蔬菜企业要充分利用互联网上的农产品供求信息平台，建立网站，常年开展蔬菜网上推介工作，如新菜品推荐或精品菜、礼品菜的宣传；要利用互联网收集市场信息；要利用网络和消费者进行互动和知识宣传普及。

参考文献

［1］杜纪格，宋建华，杨学奎，等．设施园艺栽培新技术［M］．北京：中国农业科学技术出版社，2008．

［2］宋建华．无公害蔬菜栽培与病虫害防治新技术［M］．北京：中国农业科学技术出版社，2011．

［3］陈国元．园艺设施［M］．苏州：苏州大学出版社，2009．

［4］张蕊，张富平．蔬菜栽培实用新技术［M］．北京：中国环境出版社，2009．

［5］国家发展改革委员会．全国蔬菜产业发展规划（2011—2020 年）．北京：发改农经［2012］49 号，2012．

［6］李小云．植物生产概论（第 2 版）［M］．北京：中央广播电视大学出版社，2004．

［7］张彦萍．设施园艺［M］．北京：中国农业出版社，2009．

［8］别之龙．长江流域冬季蔬菜栽培技术［M］．北京：金盾出版社，2009．

［9］国家统计局．中国统计年鉴（2014）［M］．北京：中国统计出版社，2015．

［10］李小娟．寿光日光温室蔬菜的营销策略研究［R］．中国海洋大学，2012．